走进自己系列

Behavioral Psychology

行为心理学 2

探究人类行为与心理之书

[美] 约翰·华生 —— 著　　俞凌娣 —— 译

北京理工大学出版社
BEIJING INSTITUTE OF TECHNOLOGY PRESS

版权专有 侵权必究

图书在版编目（CIP）数据

行为心理学 . 2 /（美）约翰·华生著；俞凌娣译. — 北京：北京理工大学出版社，2020.9

ISBN 978-7-5682-8848-4

Ⅰ.①行… Ⅱ.①约…②俞… Ⅲ.①行为主义—心理学 Ⅳ.① B84-063

中国版本图书馆 CIP 数据核字 (2020) 第 153454 号

出版发行 / 北京理工大学出版社有限责任公司	
社　　址 / 北京市海淀区中关村南大街 5 号	
邮　　编 / 100081	
电　　话 /（010）68914775（总编室）	
（010）82562903（教材售后服务热线）	
（010）68948351（其他图书服务热线）	
网　　址 / http://www.bitpress.com.cn	
经　　销 / 全国各地新华书店	
印　　刷 / 大厂回族自治县德诚印务有限公司	
开　　本 / 880 毫米 × 1230 毫米　1/32	
印　　张 / 7.5	责任编辑 / 宋成成
字　　数 / 180 千字	文案编辑 / 宋成成
版　　次 / 2020 年 9 月第 1 版　2020 年 9 月第 1 次印刷	责任校对 / 周瑞红
定　　价 / 49.90 元	责任印制 / 施胜娟

图书出现印装质量问题，请拨打售后服务热线，本社负责调换

第二版序

自从1919年这本书第一次出版以来,大多数年轻的心理学家已认识到,某些诸如行为主义之类的提法是通向科学的唯一道路。功能心理学对此无能为力。在行为主义诞生之前,它就近乎消亡了,弗洛伊德学说也帮不了它。它不仅仅是一种技巧,更像是一种英雄的情感防御。它永远不能作为科学公式的依据。而行为主义如粗糙的科学黏土,所有人都必须塑造它,否则它就只能满足于已经成形的自然神论偶像,被结构心理学所崇拜。

本文笔者所代表的行为主义的形式,现正在遭受一种最严重的挫折——这种挫折来自那些内心是结构主义者,却自称是行为主义者的人。

自从行为主义"受人尊敬"以来,许多对它的信条知之甚少的人声称他们相信它。这种半途而废的行为主义和这种半途而废的行为主义者必然会对这一运动造成损害,因为除非它的原则保持鲜明,否则它的术语就会变得杂乱无章、毫无意义、晦涩难懂。这就是功能心理学的发展。如果行为主义要代表任何东西(即使是一种独特的方法),它必须与意识的整个概念彻底决裂。这种彻底的决裂是可能的,因为行为主义的形而上学前提与结构心理学的不同。

行为主义建立在自然科学的基础上；结构心理学基于一种原始的二元论，其根源可以追溯到神学的神秘主义。（1923年7月，《心理学评论》）K. S. Lashley教授关于行为主义争论的精彩论述表明，任何一个讨厌放弃过去复杂的"意识"的人，都应该去寻找其他更快乐的航行方式。

行为主义的起源还有所争议。本书1924年版的序言提到了笔者与行为主义方法的联系。他对动物心理学的研究首先受到劳埃德·摩根的著作的启发，后来又受到桑代克的启发，使他在1903年首次形成了会话式的表述。但这种提法受到了抨击。有人告诉他，这对动物有效，但对人类无效。1908年，笔者第一次在耶鲁大学心理学系发表演讲，同样遭到反对意见。它被称为描述性心理学。他们坚信，心理学永远不会满足于"解释"之外的任何东西。

此后，笔者暂停研究，直到受邀请在1912年秋天在哥伦比亚大学做一个公开演讲的课程。

1920年，在剑桥举行的英国国际哲学和心理学大会上，关于思考的意义成了讨论的主题。笔者在1920年10月出版的《英国心理学杂志》上发表了论文《思维仅仅是语言机制的作用吗？》，在1921年12月的《科学月刊》（与罗莎莉·雷纳·华生合作）上又发表了一个基因实验项目——《婴儿心理学研究》，该项目证明了行为主义是一种有效的方法。

在本书出版之际，笔者深切感谢J. B. Lippincott公司长期、耐心地满足我在重印、文本修改等方面的愿望。

第一版序

文明国家都在迅速城市化。随着住宅越来越集中化,城市居民的数量也在不断增加,我们的生活习惯、风俗都在随之变化。生活变得复杂起来,与他人共处的压力与日俱增。我们要意识到这样一个事实:虽然化学和物理,或者说它们理论指导下的工业,供给我们光、热与其他一切不可或缺的东西,但当我们要求它们教导我们如何明智和快乐地生活时,它们却无能为力。

幸运的是,心理学已经准备好了帮助我们。历史见证了心理学新观点的发展——这些观点的发展一部分是为了满足人们不断变化的社会需求,另一部分是因为这些需求的存在使一种新的观点成为可能。

这些新观点在心理学中最新和最实用的是行为主义。本书第一次系统地介绍了这一趋势。行为主义心理学认为心理学最有成果的出发点是,它研究的不是我们自己,而是我们的邻居的行为——换句话说,是研究其他人做什么以及他们为什么这样做。只有这样,我们才有希望了解自己的行为。那些熟悉几年前流行的心理学的人会意识到,这与温蒂和威廉·吉姆以及其他许多著名心理学家所推荐的研究方法正好相反。

有人认为,心理学的出发点是研究一个人自己的思想。你应该时不时地停下你的日常活动,从"感觉""图像"和"情感基调"等方面分析伴随的"精神状态"。例如,你应该停止一种强烈的情绪,描述"感觉"在哪里,并确定"意象"是什么,整个经历是"愉快的"还是"痛苦的",等等。

从个人对这门学科的持续兴趣,以及心理学作为一门科学的进步的角度来看,以这种方式对自己进行观察是困难的。

行为主义观点受大多数心理学学生的欢迎。他们习惯于客观地观察事物。日常生活教会了他们这样做。因此,当谈到行为主义时,他们并没有感到方法上的转变或主题上的任何变化。他们面对的不是"意识""感觉"或"形象""知觉"之类的定义,而是通过观察他人的行为来解决的具体问题。具体地说,行为主义的主要论点是,它的事实都是正确的。

换句话说,从行为学家的角度来看,心理学关注的是对人类行为的预测和控制,而不是对"意识"的分析。

第一次阅读本书时,建议非技术专业的读者忽略第四章和第五章。这两章主要涉及神经系统、肌肉和腺体。这些内容并不妨碍读者对行为主义者观点的理解。

目录

第 一 章　心理学的问题和范围 _ 001

第 二 章　心理学方法 _ 017

第 三 章　受体及其刺激 _ 027

第 四 章　神经生理学基础 _ 053

第 五 章　反应器官：肌肉和腺体 _ 061

第 六 章　未习得行为："情绪" _ 075

第 七 章　释放行为："本能" _ 093

第 八 章　习惯的形成和保持 _ 109

第 九 章　解释性和隐含性语言习惯的产生和回归问题 _ 129

第 十 章　工作中的组织结构 _ 165

第十一章　自我人格及其困扰 _ 205

第一章
心理学的问题和范围

中世纪的传统使心理学无法成为一门科学。——直到最近，心理学还一直被传统宗教和哲学这两大中世纪哲学的堡垒牢牢地控制着，以至于心理学从来没有能够自我解放，成为一门自然科学。

在20世纪60年代后期，人们试图建立一门心理学实验科学。尽管国内外建立了许多实验室，但始终未能证实这一说法。

它的主题不客观。其失败的原因主要是其题材的局限和方法的选择。心理学把它的主题限制在所谓的意识状态——分析和综合。"意识状态"，就像所谓的唯心论现象一样，是无法被客观验证的，因此也永远不可能成为科学的数据。

在所有其他科学中，观察的事实是客观的、可验证的，可以被所有训练有素的观察者复制和控制。例如，生理学家可能注意到在某些条件下动物们的呼吸增加；生化学家可能会发现，血液中某种化学物质的存在使血液流速加快；物理化学家经过适当的研究，可以找出确切的原因，如化学物质的组成、重量、结构和离子关系。换句话说，科学的数据（验证观测）是共同的属性，科学的方法在原则上是相同的，尽管它们在形式上可能有很大的不同。然而，在真正的自然科学中存在着分工和需求分工。比如甲状腺素———种甲状腺激素——需要从动物生理学家那里召集一组实验，从腺体疾病的医学专家那里召集另一组实验，从物理化学家那里召集另一组实验。另一方面，心理学作为一门"意识"科学，却没有这样的数据共同体。它不能分享它们，其他科学也不能使用它们。心理学家A不仅不能与物理学家A分享他的数据，而且不能与他的兄弟心理学家B分享这些数据。

自省是进步的严重障碍。——心理学者把"内省"作为其主要方法的做法，是另一个严重阻碍进步的因素。结构心理学家采用的主要方法是"内省法"，即观察一个人的内心世界，以了解他的思想活动。一个人应该在心理实验室里接受几年的训练，观察他的意识状态中每时每刻都在发生的各种变化，然后他的内省才具有科学性质。这种训练应该给人一种能力，以获取自己的意识状态并对其进行分析。换句话说，内省者声称自己擅长将复杂的状态简化为更简单的状态，直到最后得出不可简化的数据，即感觉和情感基调。

到目前为止，在这个基础上的心理学家除了分析什么都不会做——而且只能分析他自己过去的状态。综合法，作为现代科学的必要条件，在心理学上是不可能的。所有内省心理学所能做的就是断言。

行为主义者找不到任何"精神存在"或"精神过程"的证据。

精神状态是由几千个不可简化的单位组成的。例如，成千上万的感觉单位，如红色、绿色、寒冷、温暖等，它们的集合称为图像，以及情感上不可减少的、愉悦和不愉悦（包括紧张和放松、兴奋和平静）。

但是，这种说法的真伪是无关紧要的，因为除了他自己以外，没有人能对任何人进行反省观察。

心理学需要重新审视它的前提——心理学之所以一开始就出错，原因之一，是它不会完全否定自己的过去。在天文学取得进展之前，它必须否定占星术；神经学不得不否定颅相学；化学不得不否定炼金术。但社会科学、心理学、社会学、政治学和经济学不会否定他们的"药师"。今天许多科学家认为，心理学要想存在得更久，更不用说成为一门真正的自然科学，就必须否定主观的主题、内省的方法和现有的术语。意识，连同它的结构单位、不可简化的感觉、它们的情感基调，以及它的过程、注意、知觉、概念，只是一个无法定义的短语。无论以意识为基础的大量著作中有什么科学价值，都是在真正客观的科学方法解决了产生的心理问题的时候，才能更好地定义和表达。

行为主义——心理学的自然科学方法。行为主义认为这些反对当前心理学主流假设的观点是正确的，它于1912年首次出现，试图在心理学领域开创一个全新的开端，打破现有的理论和传统的概念和术语。对行为主义者来说，心理学是自然科学的一个分支，它把人类的行为——人们的行为和言行，包括学过的和没学过的，作为它的主题。这是一门研究人们从出生前到死都在做什么的学科。

每个人的一生都是活跃的。活动开始于胚胎发育的开始，并一直持续到死亡。人类在这一时期的活动有高潮和低潮。在睡眠、昏迷或瘫痪期间，它似乎在数量和种类上都降到最低。同样，从婴儿期到童年、青春期、成年和老年，活动的数量和种类都有所不同。

不断的组织和重组的行为——在人出生后的第一年，相对较少有组织的未学习的行为（"本能"），我们发现了大量的不完整的反应，包括用手打、脚踢、全身性的扭动和声带的运动。两到三年后，我们发现一些未习得的行为完整地出现了，其他的以修正的形式出现了，还有一些已经丢失了。他们也在协调或将松散的行为联结在一起，形成我们所说的"学习"或习惯中进步。此时，他的手、脚、躯干对各种情况的反应是明确的、有联系的，并有了一种更复杂的习惯体系,他自己穿衣服,说话循规蹈矩,已经养成了社交习惯,上学、读书、写作。

如果我们在他成人后再考察他,他的习惯组织的复杂性似乎太大了,无法用任何方式来衡量。他参与很多技能活动,拥有完善的职业活动体系,结婚、养育家庭,对世界政治、学校等产生了兴趣。

行为变化背后的原理。——行为主义心理学试图通过系统的观察和实验来阐述构成人类行为基础的概括、规律和原则。当一个人做出行为——用胳膊、腿或声带做某事时,一定有一组不变的先行词作为行为的"原因"。当一个人面对某种情况——一场火灾、一个危险的动物或人、一个命运的改变——他会做一些事情,即使他只是站着不动或晕倒。因此,心理学立即面临两个问题:一是预测可能引起反应的因果情境或刺激因素;另一个是根据情况,预测可能的反应。

(1)观察反应,预测可能发生的情况。第一个问题是研究行动中的人,从出生到老年。这样,行为学家在观察个体行为时,就能在合理确定的情况下,说出是什么情况或刺激促使了行为的发生。

举一个很普通的例子:邻居看到乔治在早上7:54出门,去赶8:15的通勤者专车。在离房子两个街区远的地方,这个男人停下来,翻遍了他所有的口袋,然后突然跑回了房子。邻居说:"嗐,乔治又忘了他的月票。他经常这样。"观察者已经通过他的邻居现在的行为和关于他过去行为的数据,预测了引发这种行为的刺激或情境。

把它作为一个科学但实用的程序的例子似乎是滑稽的。然而,类似的问题,不断地摆在心理学家面前。而所有这些行为都是由一系列的"原因"造成的。社会学家、经济学家、记者和其他许多人都曾对这方面的心理学进行过或多或少的著述和研究,但都是徒劳无功。这种解释是基于人的原始本性的某些方面,而这些方面我们几乎没有事实根据。要正确地回答这些问题，我们需要研究人类，就像化学家需要研究一些新的有机化合物一样。从心理学上讲，人仍然是一块未经分析的反应原生质。

（2）给定情况，预测可能的反应。心理学的另一个同样重要的方面是对人从婴儿期到老年的行为进行实验，这样，在给定环境或刺激的情况下，就能预测出可能的反应。在社会方面，行为心理学遇到了许多实际问题。在个人方面，问题也不断出现。

成千上万的这类实际问题不仅摆在心理学家面前，而且摆在大街上的行人面前。人类的生活还在继续。必须对某种情况的结果做出某种预测。但是，在心理学成为一门科学，并积累了有关实验设置的情境所导致的行为的数据之前，对日常生活情境所导致的行为的预测，只是自发行为。

心理学家选择了人类的行为作为他的素材，认为只有当他能够操纵或控制它时，他才能取得进步。这个人在他所有的行为中，通过普通教育有可能发展成为艺术家、歌手、企业高管吗？这个人能成为一个了不起的高尔夫球手吗？如果是这样，应该采取什么步骤、用什么技术来迅速建立必要的习惯，使它们永久地保持下去？

当发现他充满恐惧、过度害羞、结结巴巴时，我们能改变这种行为吗？如果是，应该采用什么方法？另一方面，我们能不能给孩子一种健全的安全感，让他去玩蛇、拥抱他看到的每一条狗、抱起每一只陌生的猫？

我们找到了一个真正的、合法的领域，对收集到的人类材料进行实验研究。

行为主义者认为，只有从婴儿期开始，一直持续到青春期以后，对人类物种进行系统的、长期的、遗传的研究，才能赋予我们这种实验性的控制人类行为的能力，而这种能力是社会控制和成长以及个人幸福所急需的。

对心理学的简要概括应该使我们相信两件事：第一，每个人都需要组织的数据和行为主义的法则，来培养自己的日常生活和行为。第二，是在反复试验的基础上，使这种进展缓慢的理解和控制人类行为的现象、人类行为成为科学研究的对象。

本书的主要目标是指出目前存在的方法在多大程度上对人类行为进行彻底的、科学的、客观的研究。

科学的过程

科学心理学的详细主题。——作为一门科学心理学，摆在它面前的任务是揭示人类从婴儿期到老年行为发展过程中所涉及的复杂因素，并找到行为调节的规律。要解决这些问题，必须研究那些在人的行为中起作用的简单的和复杂的事物：他在多大年纪时能对各种简单和复杂的感觉刺激做出反应？他通常在什么年龄表现出各种各样的本能，以及在什么情况下会表现出这些本能？他的本能行为模式又是什么？也就是说，除了训练，人类是否也会像低等动物那样本能地做出复杂的行为呢？如果是的话，人的全部本能是什么？情绪活动什么时候表现出来？在什么情况下会出现这种情况？在情绪行为中可以观察到哪些特殊的行为？什么时候能观察到婴儿习惯的开始？对于社会所要求的身体和语言习惯的快速和安全的植入和保持，能否找到什么特殊的方法呢？

刺激和反应。——这种对心理学主题的一般性描述，在分析行为和行为中的特定问题方面，对心理学家们帮助甚微。为了对心理学中的任何问题进行实验性的攻击，心理学家们必须先把它简化成最简单的术语。看一下上一段所列举的人类行为问题，并结合实际例子，就会发现，在所有形式的人类行为中都有一些共同的因素。每一次调整都有反应或行动，以及引发这种反应的刺激或情况。而反应总是相对紧跟着刺激的出现或发生。这些都是假设，但它们似乎是心理学的基础假设。在最终接受或拒绝它们之前，我们必须研究刺激或情况的性质和反应。如果暂时接受它们，那么，心理学研究的目标是确定这样的数据和规律，即在给定刺激的情况下，心理学可以预测反应会是什么；或者，另一方面，给定反应，它可以指定有效刺激的性质。

刺激一词的使用。——在心理学中使用"刺激"一词，就像在生理学中使用"刺激"一词一样。只是在心理学上，我们需要稍微扩展一下这个术语的用法。在心理实验室里，当我们处理一些相对简单的因素时，如不同长度的声波的影响等，并试图把它们对人类的调节作用分离开来，就会提到刺激。另一方面，当导致反应的因素更加复杂时，例如，在社会的某一情景下。经过分析，可以将一种情况分解成一组复杂的刺激。作为刺激物的例子，我们可以把这些东西命名为不同波长的光线；振幅、长度、相位和组合不同的声波；气体颗粒，直径很小，影响鼻黏膜；含有微粒物质的溶液，其大小足以使味蕾产生反应；影响皮肤及黏膜的固体；引发温度反应的辐射刺激；有害的刺激，如割伤、刺痛等。最后，肌肉的运动和腺体本身的活动通过作用于运动肌肉中的传入神经末梢而起到刺激作用。

刺激的世界被认为是极其复杂的。可以说，有一大堆刺激因素，使人作为一个整体，对一种情况做出反应。情况可以是最简单的，也可以是最复杂的。应该指出的是，有许多形式的物理能量并不直接影响我们的感觉器官。

反应的一般性质。——在心理学中，以类似的方式使用生理术语"反应"，但我们必须再次稍微扩展它的使用范围。轻拍髌腱或轻拍脚底产生的动作是"简单的"反应，生理学和医学都对此进行了研究。在心理学中，心理学家们的研究有时也涉及这些类型的简单反应，但更多的时候涉及同时发生的几种复杂反应。在后一种情况下，有时使用流行的术语"行动"或"调整"，意思是指整个群体的反应。

人类以这样一种方式（本能或习惯）结合在一起，那就是他做了一件我们称之为"拿食物""盖房子""游泳""写信""说话"的事情。心理学并不关心行为的善与恶，因为一个男人在获取食物、建造房屋、解决数学问题或与妻子和谐相处等方面都不作为。我们研究他的反应可能性，不带偏见，我们的任务的一个重要部分是发现这样一个事实。同样重要的是，他可以做出其他类型的调整。"成功的"调整，"好的"行为，"坏的"行为，这些都是社会使用的术语。每个社会时代都有一定的行为标准，但这些标准随着文化时代的不同而不同。因此，它们不是心理标准。然而，心理学家的职责之一是判断一个人是否具备他内心的反应可能性，以符合那个文化时代的标准，并以最迅速的方式使他按照这些标准行事。

但是应该清楚的是，无论男人在刺激下做什么，都是一种反应或调整——脸红、心跳加速、呼吸变化等，都是部分调整。我们只有几千个这样的调整可能的总数。大多数作家都用"调整"这个词来指代这些行为中的一种。在本书中，调整、反应这几个术语几乎可以互换使用。

（习俗）改变了心理学家，因为每一个习俗的变化意味着不同的情况下，人的反应不同组合的行为，和任何新的行为必须被纳入，结合个人的操作系统的其余部分。心理学面临的问题是决定个人是否能达到新的标准，以及决定和发展指导他的方法。

运动和腺体反应指标。——心理学家能观察到什么？当然是行为。但是行为分析是个体对环境做出的独立反应系统。当我们开始研究这种调节的机制时，可以发现它们依赖于将受体与肌肉和腺体连接起来的反射的整合。这里应该强调的是，客观心理学不会分析这种整合，除非问题需要它。具体的、完整的活动对行为主义者和其他心理学家同样重要。

单细胞生物没有单独的肌肉或神经系统。然而，它们的一个细胞的一部分必须既能以感觉的方式又能以运动的方式进行专门处理，因为这些有机体的确会对刺激——光、重力、热、冷、电等——做出反应。随着一个人的进化，他特殊的感觉器官组织（感受器）会发育起来，与它们一起发育的还有运动器官或有效器官，以及连接感受器和效应器的神经元。在这种情况下，行动变得更加敏锐、更加局部化、更加迅速，同时也更加持久。此外，随着继续进化，腺体开始发育。和肌肉一样，腺体是反应器官，每当运动发生时，就会发生特殊的腺体作用。腺体的活动反过来又对肌肉系统产生反应，影响其功能。此外，有两种肌肉——线性肌肉和非线性肌肉，可以活动胳膊、腿、躯干、舌头和喉头。非线性的肌肉主要控制着血管、肠道、排泄器官和性器官。通常我们所说的反应指的是机体前进到右或左，或作为一个整体缩回，它吃、喝、打架、建房子，或从事贸易。但这并没有完全解释"反应"一词。我们所说的反应应该是指在给定的刺激下，肌肉和腺体的全部线性和非线性的变化。我们当前的问题决定了哪些运动应该相对独立地研究；然而，人类的兴趣主要集中在整合不同的反应上,让其形成某种习惯——也就是用胳膊、腿或声带做某事。从一开始就有一个全面的反应概念是很重要的。人或动物在受到刺激时可能会一动不动,但我们不能说没有反应。仔细观察就会发现肌肉的紧张、呼吸、循环和分泌都有变化。

反应的一般分类。——大多数反应可以被看作是以下四种主要反应之一。

(1)明确的习惯反应:比如开门、打网球、拉小提琴、盖房子、与人交谈、与自己的同伴和异性保持良好关系。

(2)内隐的习惯反应:"思考",这里指的是潜意识的谈话,一般的身体语言习惯,身体的姿势或态度,没有仪器或实验的帮助是不容易观察到的,各种腺体的条件反射系统和非条件性的肌肉机制——例如,唾液条件反射。

(3)显性遗传反应:包括人类可观察到的本能反应和情感反应,如抓握、打喷嚏、眨眼和躲闪、恐惧、愤怒和爱。

(4)隐性遗传反应:包括整个内分泌系统或无导管腺体的分泌,循环等方面的变化,所以主要是生理学上的研究。在此,必须借助仪器或实验才能进行观察。

人在不公开行动的时候在做什么。对于像人类这样高度特殊化的生物,即使仔细观察,往往也无法看到任何明显的反应。一个人可能一动不动地坐在书桌前,手里拿着笔,面前摆着纸。用通俗的说法,我们可能会说他无所事事或在"思考",但我们的假设是,他的肌肉真的和打网球时一样活跃,而且可能比打网球时更活跃。什么肌肉呢?当他处于这种情况时,他的喉部、舌头和讲话的肌肉,就是那些训练过的肌肉。这些肌肉非常活跃,有秩序地执行着一个动作系统,就像他在钢琴上演奏奏鸣曲一样;做得好或坏,取决于他所受的训练，他所从事的具体路线。

通过足够敏锐地、足够长时间地、在足够多的条件下观察一个人可见的、明显的习惯和本能，我们可以获得满足大多数心理需求的必要数据。的确，整个腺体和肌肉系统都有贡献。

科学的方法与实际的程序形成对比。——现在我们已经详细地考察了刺激和反应的一般性质，我们应该准备好理解心理实验的对象，并将科学的过程与本章开头所提到的常识或实际问题进行对比。我们将随机探讨一些说明性的心理学问题，以及解决这些问题的方法。

第一个问题是找出6个月大的婴儿对活的毛茸茸的动物有什么反应。安排一个情境：婴儿被母亲抱在一个光线充足的房间里。首先观察到的是婴儿在微笑，而且心情愉快。然后，我们一个接一个地展示一只白老鼠、一只狗、一只刺猬、一只白兔、一只甲虫和一条蛇。接下来，我们分别准确地记录对这些物体的反应。这个婴儿刚刚才学会伸手拿东西，他慢慢地先伸出一只手，然后再伸出另一只手。他失去了笑容，没有哭声，手没有缩回，也没有分泌物。这些只是更容易观察到的反应。其他变化无疑发生在内部腺体、循环、呼吸等方面。这取决于我们眼前的问题，即观察的重点应落在反应变化记录的内容。在这个简单的问题中，要确定婴儿是否有任何明显的本能倾向去反抗或把手甚至整个身体从动物身上缩回来。根据我们的问题，我们很可能观察到眼睛、呼吸、血压、唾液、内分泌腺或同时发生在其中几个腺体中的变化。再次强调，这些问题并不像乍一看那么简单。假设我们发现婴儿确实会从这些物品中抽身出来，开始哭泣、小便，或者试图躲在母亲的衣服后面——我们能得出这样的结论吗？如果这个孩子之前并没有与动物接触的记录，那么他就会受到伤害。因为对于这样的孩子，可观察到的反应可能是本能的。但另一方面，如果在试验前两天这个孩子被猫咬过,我们的结论还有待进一步观察。我们也不能从这个孩子的行为中得出任何结论,比如其他同龄的孩子会做什么,或者这个孩子在稍微不同的年龄或在不同的条件下测试时可能会做什么。在归纳总结之前,应该对许多孩子进行系统的观察。

心理学的分工和心理学与其他科学的关系

心理学的各个领域。——要在心理学的不同分支之间划一条严格的界线,就像在生物学和物理学的不同分支之间划一条严格的界线一样困难。

所有的科学心理学都是实验性的,或者至少是在能够进行严格控制的观察条件下进行的。所有的心理学都是"遗传的",从这个意义上说,我们必须回到孩子身上,将其与动物进行对比,以确定哪些天生的整合系统是人类独有的。为了专业化的目的,我们把人的心理分为个体心理、职业心理、儿童心理、民间心理、教育心理、法律心理、病理心理和社会心理。可以把这些特殊的分支中的任何一个称为"应用"。

心理学与物理学的关系。——生理学和心理学都依赖于物理学来控制仪器和刺激。

心理学与神经学的关系。——人们可能认为,心理学最依赖于神经学。事实上,这是过去的普遍假设。现在,我们已经认识到,与神经解剖学相比,心理学更依赖于生理学和某些医学分支,如卫生学、内分泌学、代谢化学、儿科和精神病学。过去,人们太满足于制造大脑图像和机械的神经模式,以至于总是不够仔细地观察我们的行为事实。在心理学中，我们需要所有神经病学家能提供的事实，但可以忽略那些巧妙的谜题图片，这些图片将中枢神经系统的活动与一系列管道、阀门、海绵、配电板等进行了比较。神经学中一些基本指导原则的概念对初学心理学的人来说当然是必不可少的，比如感觉器官与中枢神经系统的连接方式，以及中枢神经系统与肌肉和腺体系统的连接方式。

心理学与生理学的关系。——有些人认为行为心理学实际上是生理学。但只要审视一下这两个领域，就会发现情况并非如此。生理学告诉我们有关特殊器官的功能。在进行实验时，心脏、肝脏、肺、循环、呼吸和其他器官是分离的。

从心理学范围的讨论中可以看到，当生理学家尽其所能地了解人体各个器官的功能时，其实在某种程度上说，是对心理学家的研究领域的侵犯。只有当生理学家把分开的器官重新组合起来，把人作为一个整体交给心理学家时，他们的任务才开始。生理学家可以教我们很多关于肾脏、膀胱的功能，以及对后者的括约肌控制。但是，在可能导致儿童失禁的特殊情况（器质性疾病之外）中，他的科学没有教给他任何东西，也没有教给他控制这种失调的方法。生理学不能告诉我们不同个体的性格和个性，也不能告诉人们如何对性格和个性情绪稳定进行控制，当然也不知道人们目前在生活中的地位在多大程度上取决于他们的教养。生理学没有告诉我们人类形成和保持习惯的能力，也没有告诉我们人类习惯组织的复杂性。因此，如果希望预测一个人是否有能力适应或超越他目前所处的环境，那么应该求助于心理学，而不是生理学。因此，在强调这两个领域的整个理论独立性时，不要建立一种对抗性的错误印象。生理学是心理学最亲密的朋友。如果不使用生理数据，在心理学上就很难取得进展。但在这一点上，心理学与其他生物科学，甚至与医学本身并无不同。

有时人们发现一些物理学家所研究的功能与人类行为的领域相交叉。作为例子，这里引用了坎农关于暴力情绪干扰对身体影响的研究，以及卡尔森和其他人关于在没有食物的情况下胃里的反应的研究。然而，这两个领域关系最密切的地方，可能是关于条件运动分泌反射的研究和感觉生理学领域。

一般说来，两个领域有交叉并不妨碍它们成为独立的学科。在有交叉的情况下，这两门学科的方法和观点并没有什么不同。

心理学与医学的关系。——总的来说，到目前为止，心理学对精神病学和医学只有很少的作用。而事实上，它应该成为整个医学领域的一个背景。但出于哲学上的考虑，它在这方面的用途受到了严重的限制。

医生，无论是医学专家还是全科医生，都想知道一些如何接近和处理病人的方法。他必须学会如何评估他的病人，了解他们的个性和特征，分辨出病人是否愿意配合治疗，等等。这些关于角色适应的事实只能用行为术语来表达。诚然，有些因素关系到每一个必须与之打交道的人，但由于病人和医生之间存在着密切的关系，因此，这些因素对医生尤其重要。精神科医生并没有忽视这些因素；事实上，正是由于他的努力，我们才有了一种完善的、系统的技术来治疗病人。就精神病学而言，精神病学家使用的心理学与心理学家研究的心理学并无不同。所以说，精神病学家必须既是拥有特殊治疗技术的内科医生，又是对某些心理学领域有特殊兴趣的心理学家。

第二章

心理学方法

在前一章中,我们多次提到心理学方法和程序。心理学方法有很多,而这些不同的方法并不是完全独立的。

观察法

观察法是科学上已知的最古老的方法。从某种意义上说,仪器仅仅可以看作是一种增强观测结果的装置。对于一个正常的人来说,视觉是最常用的感觉。当这种感觉受到阻碍,或者在一个特定的问题上不起作用时,我们依靠听觉和触觉器官来观察。在一般情况下,嗅觉和味觉不能作为科学观察的器官,但有时它们在化学、医药等方面的应用又是必不可少的。

如果没有仪器,许多行为现象无法得到充分的科学控制。下面的例子可以来说明这一点:一个人走进房间,我们用平常谈话的声调和他说话,他对我们的话没有反应,我们立即推断出这个人听力有缺陷。但是,通过这种粗略的观察,甚至在观察了他好几天之后,我们也很难看出缺陷的程度,以及他所受的限制的类型。同样,在学习方面,我们可能注意到某些人不能很快地进入学习状态,也不能长时间地保持学习状态。如果想对他的这一问题有一个准确的认识,就必须采用仪器控制的系统观察。

用仪器观察,并控制主体。——任何科学的进步都可以通过仪器和改进了的观察方法的应用程度来衡量。这一点在技术领域,特别是在物理、化学和工程领域得到了很好的证明。心理学家们也很早就意识到有必要设计专门的工具来研究行为。这些方法在感觉生理学领域和更复杂的反应领域都有明确的说明。一般来说，只要借助仪器和对事物的控制，任何无法直接观察的现象都可以得到更精确的研究。

仪器的使用在各种用于拍摄和记录眼球运动的设备、用于测量手和手指运动（如在轻拍、稳定和握力方面）的速度和准确性的设备中得到了验证。在确定感官反应的技术和各种心理物理测量中，还需要用到精确仪器。之前，心理学领域还有少数反对使用仪器的声音。当时，很少有关于情绪反应和肌肉反应方面的实验研究，直到最近，也难得有与饥饿、口渴和消化道刺激引起的温度反应有关的内部反应的研究。即使有，也很少有实验能够成功地控制这种潜在的机制。事实上，从心理学的观点来看，许多腺体的反应并没有被触及——例如，我们可能在甲状腺、肾上腺、性腺和肾脏的分泌物中发现了条件反射的信息。

实验的环境。——一般来说，大多数实验室类型的心理学研究都对观察的准确性和控制性有要求，实验者只观察一个对象，或者最多只观察几个对象。除了必要的观察工具外，还必须控制实验对象环境的某些方面——根据实验的性质，把实验对象放在一间黑暗的房间里，或者一间光线充足的房间里，把他单独留在房间里，或者让他在其他人面前做出反应。实验中，控制他的饮食、睡眠和生活条件常常是必要的，可以把这些控制看作是观察的实验设置。简而言之，为了进行准确的心理观察，我们需要足够精密的仪器来适应研究的一般目的。此外，还需要能够随意控制和修改对象的临时或永久环境。不过，有许多心理学研究不能用这种方法进行。某些重要的心理活动可能永远无法在实验室里得到控制。当然，这里指的是，心理学有时不得不涉及社会问题。例如，为什么年轻人所面临的学校环境不好？我们带他进入实验室，尽我们所能了解他的品格和气质，通过所有必要的证人，包括从他的年龄出发来研究，最后发现某些变化，问题出在他的成长环境上，而家长和老师必须给他足够的时间，来引导并改变他。阿道夫·迈耶医生经常说他的精神病患者是大自然的实验。心理学上有许多这样的问题，但实验室工作者的研究却收效甚微。目前，职业心理学和教育培训领域所做的许多工作都属于这种类型。在这种广泛的心理问题中，环境不受观察者的直接控制。在这种情况下，我们会尽自己所能，召集所有观察、实验和统计上的帮助。

条件反射法

在各种条件反射方法中，有一个特殊的例子，说明如何利用仪器来进行心理观察。通过这些方法，许多反应现象可以得到控制，而这些现象是后面将要描述的口头报告方法所不能观察到的。我们不可能仅凭肉眼观察就断定，看到某种食物时，唾液腺的活动是加速了还是减慢了。

唾液条件反射。——唾液条件反射最初是巴甫洛夫在狗身上做的实验。到后来，人们才在人身上使用这种方法，通过手术，将腺体置于脸颊表面。霍普金斯大学实验室的拉什利使用了如下图所示的简单仪器，使眼睛可以清楚地看到腮腺的反应。双颊的腮腺最方便手术操作。仪器的主体是一个金属圆盘，直径18毫米，其中两个同心装置A和B被切断。内层直径10毫米，深3毫米；外层呈圆形凹槽，宽2毫米，深3毫米。两个腔室通过阀瓣的背面通入两个独立的银质导管——C和D。这两根导管的孔径为2毫米，长度为15厘米。

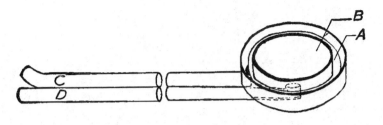

收集腮腺分泌物的仪器

仪器靠内表面装置使中央腔室盖住导管口,并通过吸气泵将空气从外腔室排出。将中间装置紧紧地贴在脸颊上。过不了几分钟,唾液就会充满中央腔室,并开始通过管道C流出到一个合适的测量装置。当下颌闭合时,导管位于脸颊和上牙之间,并通过嘴角流出。这种仪器几乎不妨碍说话或吃饭,可以戴几个小时。唾液的点滴可以用不同的方式记录下来。可能只是由计数和每分钟的平均滴数确定,或可以将唾液收集在校准管。接下来,来测定每个受试者在进食后的一段时间内的正常流速。然后,就能判断某种形式的刺激是什么了。用这种方法,还可以测试咀嚼软硬物质、热水、冷水等的效果。到目前为止,这一方法主要还是服务于生理学家和心理学家。事实上,可以把所有这些测试看作是对腺体功能的纯生理测试。通过使用这个仪器,我们发现了影响腺体的各种刺激因子。现在出现了一个心理学问题:腺体的活动是否与个人的习惯系统有任何联系?

通过反复试验发现,把饥饿的实验对象带到一个他已经获得食物的环境中,然后给他看他已经吃过的食物(食物对他产生了积极的反应),腺体功能立即加强。在确定了唾液腺的正常流量之后,研究人员给了受试者一块杏仁巧克力。他可以闻闻它,把它送到唇边,把它举在一臂远的地方。下表所示为实验结果。

正常速度：大约每分钟一滴。	
巧克力放在受试者手中：	
1分钟	4滴
2分钟	3滴
3分钟	4滴
闻巧克力	5滴
把巧克力送到嘴边，但紧闭着嘴。	9滴

如果不采用这种方法，人们就不会知道仅仅是食物的视觉和触觉就有如此刺激的效果。很明显，巧克力的呈现不仅产生了伸手去拿巧克力并把它拿到嘴里的明显反应，同时还产生了隐式的习惯反应，表现在腺状反应上。只有通过引入仪器，才能得出这个结论。

以类似的方式，别赫捷列夫已经证明线性肌和平滑肌的反应都是可以调节的。这些条件反射在日常生活中很常见。例如，在电影院里，当银幕上的坏人拿出一把左轮手枪对准镜头扣动扳机时，观众会感觉是对着自己开枪。在实验室里，让实验对象光着脚坐在两个金属电极上，当给予法拉第刺激（轻微电击）时，脚被从金属电极上拉起。这里介绍一种用烟熏纸记录脚的抖动的方法，并记录下被刺激的那一刻。电击会使脚跳起来。但电铃本身并没有这种效果。现在，我们同时按铃和用高频电流刺激脚一定次数（通常是20到70次），然后发现，铃响就会引发脚向上的抖动。

条件反射的特征。——条件反射具有以下特征：

第一，关于条件反射和它所嫁接的原始反射之间的相似性和差异性。不管它们在中枢神经通路方面有多大的不同，但其运动特征非常相似。刚开始表现出条件反射的动作时，不能分辨出它是由单独的铃声刺激引发的,还是由铃声和惩罚同时刺激引发的。条件反射通常是敏锐的、迅速的、广泛的,整个身体作为一个规则首先被带入反应。渐渐地,反射变得局部。

第二,反射的持久性。条件反射一旦完全建立起来,就会延续下去。有时,在一天工作的开始,某种条件反射是必要的,比如闹铃响了,就该起床了。但是人们无法断言这种未经锻炼的反射会持续多长时间。

第三,条件反射可以通过某些因素来进行强化和抑制。

条件反射的心理运用。——对于聋哑人、婴儿和一些病理情况,不能使用语言方法。这当然也适用于动物界。因此,一般来说,条件反射方法可以证明在任何不能依赖语言的地方(无论是否由于缺陷)是有效的。第二,条件反射法可以用来验证用语言难以准确描述的情况,比如声音、皮肤、嗅觉、味觉等。它也适用于疲劳、适应的研究以及生理学和心理学交叉领域的许多其他问题的研究。

条件反射法一直被认为是心理学上唯一客观的方法。当我们从广义上考虑心理学方法时,这是不正确的。所有用于反应时间实验、"记忆"和联想实验的方法都是纯客观的方法,许多测试工作、实验教育学和商业心理学的工作都是借助客观方法完成的。

但在心理学的许多领域,尤其是精神病学领域,自我观察,通常是由主体用语言表达的,是我们可以立即运用的唯一一种观察。病人来找精神病医生说:"我感到'悲伤'和'阴郁'。"或者,"医生,我压力太大了——我怕我会杀了我的妻子和孩子。"这是医生必须面对的心理状况。然后,医生通过一系列巧妙的问题开始记录病人的回答。从医生的角度来看,这些反应就像受试者在进行编织地毯或篮子等活动时的照片一样客观。这些回答是主体适应他的世界方式的记录的一部分。这些反应，医生可以凭借他过去的训练与遥远和直接的情况，在病人的生活中产生了不适应。

心理测试

自心理学诞生以来，人们就一直在使用这样或那样的心理测试。在早期的心理学历史中，测试主要是围绕感觉反应发展起来的。视觉敏锐度、听觉敏锐度和颜色缺陷测试已经使用了五十多年。后来，出现了测试运动协调准确性、对简单和复杂情况的反应速度的方法。若干年后，这样的测试才被纳入心理学的一般治疗中。现在的测试领域是广泛的，尽管从各种方法获得的结果的价值尚未达成一致意见，但人们普遍承认，这项工作符合常识，并具有进一步扩大的可能性。

一般来说，把这些测试分为三个方面：①考察个人是否具有社会所要求的各种功能和可塑性（形成新习惯的能力）的一般行为测试（即所谓的智力测试）；②专项能力测验；③试验研究和统计工作。

许多心理学家倾向于，或者在最初倾向于，把考试看作是心理学纯实践方面的发展，因此他们断言考试完全属于应用心理学。但是，在心理学领域，"纯"科学和"应用"科学之间的这种差异逐渐被其他领域所取代。现在我们看待测试就像看待其他心理学方法一样。当心理学家有特殊需要时，他要么使用它们中一种已经可用的测试，要么以系统的方式开发一种适合他需要的测试。

到目前为止，大多的测试与个人的语言行为有关，这在很大程度上取决于个人的说话能力，也就是说，他们关注的是语言对社会和其他环境的反应。这是不幸的，因为有许多人被完全剥夺了语言能力，还有许多人有语言缺陷（例如失语症和严重口吃），还有一些人只会说外语。由于人们普遍认为语言行为具有特殊的重要意义，因此语言测试的发展受到了严重的阻碍。下面，对各种类型的测试进行简单的介绍。

确定行为的一般水平的测试。——一般行为测试的有效性取决于这样一个事实，即大约相同年龄和处于相同的一般环境的个体之间，具有某些共同点。

但对个人能力的估计中，用算术、词汇、速度和习惯形成的准确性等方面的特殊测试，比一般行为的任何测试都要准确得多。要估计一个成年人的造诣，通常得采用许多专门的测试。

特殊能力测试。——出于各种实际需要，在确定特殊能力方面出现了大量的测试，多得不胜枚举。这些特殊能力测试有时以缩写形式联合使用，测试的范围正逐渐扩大。例如在性格测试方面，一个人是否傲慢、是否友好，或情绪不稳定。有人建议，精神科医生可以协助心理学家来确定某人是否具有某一要职所必备的性格和气质，使他成为人们所需要的人。而一个人的性格，在很大程度上取决于他从婴儿期到青春期到现在所经历的各种冲突、压力和紧张。

试验研究和统计工作。——心理测试，或多或少是为满足某种目的而进行，而这种实际应用的测试都是通过实际的研究工作而发展起来的。例如，要开发一个测试来检测一个人是否能胜任某个速记员职位。首先会列出我们希望这样一个人拥有的各种特征和成就，然后进入任意大型速记环境，进一步了解对方对速记知识的了解，包括其听写能力、拼写能力、字母归档能力、打字速度等，基于这些内容的更广泛的知识，我们构建了一系列的性能测试，每个速记员都要花半个小时来完成这些测试。我们可能会发现第一次测试太复杂了，在一个大型的打字办公室里，只有三四个人才能通过。但另一方面，我们也很可能会做一个很简单的测试，简单到即使是速记能力很差的人也能通过。然后我们研究这个方法，直到一般优秀的速记员也能够通过测试。当然，测试必须参照一般的速记工作领域。这种测试不适合会计师、报纸记者或任何其他职业领域。现在，许多大型企业聘请心理专家来设计这样的测试。测试的构建是一个研究问题。测试的使用可以留给那些不是心理学家的人，但他们可能在使用之前接受了指导。

如果要问：成为一个成功的律师、政治家、新闻记者或飞行员，需要具备哪些一般条件？我们会说，目前还没有获得关于这些问题的有用的相互关系。为了使这个问题具体化，我们可以研究一个成功飞行员的构成：飞行员过去的生活中有哪些因素使他在飞行中取得成功？他所接受过的那些学术教育与此有关吗？他所处社会阶层、年龄、以前的职业和收入、婚姻和体育天赋又是什么样的？要回答这个问题，必须从成功和不成功的飞行员那里获得必要的数据。然后对得到的材料进行统计处理，求出相关系数。

第三章

受体及其刺激

对人类反应本质的理解在很大程度上取决于对影响人类的各种刺激的认识，须施加刺激以产生适当行动的地方，在控制机体和刺激时必须考虑的各种生理和生理因素。

具体来说，如果某些动物的皮肤受到高强度光的刺激，就会产生一种明显的反应。在人身上，如果要产生行动，光就必须忽略它的热值而落在眼睛的某一部分上。为了把这些因素带出来，我们必须在一定程度上"解剖"人类，并找到对刺激敏感的部分（每个感觉器官组成的身体区域）和适当的刺激，当这些刺激作用于这些感觉器官区域时，将产生作用。这个过程有点像人工的，就像生理学家在研究心脏活动、呼吸等，而不考虑其他身体功能时所使用的方法。在后面的章节中，我们将把这些有机体放在一起，从整体反应的角度来进行研究。但不能忽视这样一个事实：当一个人对哪怕是最微小的感官刺激做出反应时，他的整个身体都会参与其中，即使他只是举起一根手指或说出"红色"这个词。

一般的神经肌肉方面，我们会发现，在每一个简单的反射行为中，比如手从热的物体中缩回，都会涉及一个受器或感觉器官结构，一组神经导体和一个效应体（肌肉或腺体）。当一个感觉结构，比如眼睛、耳朵或鼻子，是由一种刺激物起作用时，它在导体系统中释放一种神经冲动，一个化学过程也就开始了。这种神经冲动通过导体，最终到达肌肉或腺体。在这种冲动的作用下，肌肉收缩或腺体开始分泌。动物就这样移动或行动。

为了使这些不同的机制清楚地呈现在我们面前，必须研究以下三个方面。

（1）人的感觉器官方面：眼睛、耳朵、触觉、嗅觉、温暖、寒冷、疼痛、器官和动觉。

（2）神经或传导机制，即周围和中枢神经系统，以及交感神经系统。

（3）运动和腺体系统——效应器，包括受周围和中枢神经系统控制的带状肌肉和通常受交感神经控制的无带状肌肉和腺体。

读者可以将自己想要知道的问题归纳如下：有机外的和有机内的什么刺激会导致我的行动？我怎样处理简单和复杂的情况，使它与环境的要求协调一致？刺激的作用可以引起神经冲动，那么，这个神经冲动的过程是怎样的？因为如果在这条导体链上碰巧有缺陷，不管是解剖上的缺陷还是功能上的缺陷，我知道我所施加的任何刺激都不会引起通常的反应。

为了理解以人的方式建立集成系统的反应，我必须至少要了解肌肉、肌腱和关节功能，了解各种腺体，这些腺体对肌肉的影响。没有学过生理学的读者将会发现，把有关感觉器官、导体、肌肉和腺体的内容通读一遍是有益的，然后再回过头来，按照它们出现的顺序，详细地研究这些章节。

对皮肤的刺激

皮肤感觉器官的区域——整个皮肤表面，包括嘴唇的红肿、眼睛的虹膜和角膜、黏膜。

一般来说，体表温度必须低于所谓的生理零度，大约30℃。生理零度不是固定的，而是取决于感觉器官的适应状态。如果物体的温度高于这一点，温暖的感觉就会起作用。体温的末端器官也可以通过在发烧、极端情绪时发生的器官变化从内部受到刺激，这些变化可以通过血管收缩（冷）或扩张（热）来实现。它们也可能受到诸如芥末、胡椒、酒精或薄荷醇等物质的刺激，或受到电流的刺激，甚至可能受到机械刺激，如轻微的敲击、针刺等。极端的温度会破坏组织，因此过高的温度会刺激温暖感和疼痛感。提供温度刺激的基本因素是引起皮肤的热变化。除非皮肤的温度可以迅速改变，否则不会立刻有反应。这可以用一个老例子来说明：先让青蛙浸入水中，然后慢慢地提高温度。青蛙的死亡发生在体温（或疼痛）反应出现之前。

点状刺激。——通常是在功能良好的很小面积的皮肤上，通过冷和热的刺激，比如金属、酒精或其他低温液体。在普通的测试中，金属点温度保持在12~15℃；而在37~40℃时进行冷感测试时，只有在某些特定的外接点才能得到特征反应。此外，对冷金属点的反应与对热金属点的反应是不同的。

一般来说，人们发现那些对压力刺激反应最强烈的区域，如手和指尖，对温度的反应较弱。通常被衣服覆盖的部分比未被覆盖的部分对温度的反应更灵敏，部分原因是它们不受变化的影响，也因为它们有更多的温度器官。脸部的皮肤非常敏感，尽管在大多数国家它都是裸露的。因为它具有丰富的感觉结构，刺激这些斑点的阈值变化很大。当物体的温度仅略高于生理零度时，对某些暖斑的刺激会产生反应，而对抵抗力较强的热斑，除了40℃左右的温度外，不会受到刺激。在任何给定的平方厘米内，对这些形式的刺激敏感的斑点的数量在身体的不同部位有很大的不同。一般来说，寒冷的地方比温暖的地方，斑点要多得多。平均来说，这个比例是13个冷点比2个暖点。在这些斑点分布的问题上，需要注意的是，眼睛的结膜和生殖器官的外黏膜对温暖不敏感，而对寒冷敏感。

区域的刺激。——点状刺激在人类的日常生活中很少发生。寒冷的风吹着他裸露的身体，使他穿上大衣。温暖的阳光使他脱下冬装，热切地寻找火车时刻表去避暑。除了日常生活外，还可以在实验室研究局部刺激。分布在大面积皮肤上的热刺激比同样的温度作用于更小的区域时反应更强烈。当手指浸入液体时，温度不会产生反射性的收缩，而当整个手或手臂浸入时，温度会产生收缩运动。大多数人都曾多次用指尖测试过洗浴水，当整个腿或身体突然浸入水中时，我们会跳进去，然后又弹出来。不同导热系数的物体对物体的反应有明显的影响。同样是25℃，水的冷刺激比油强，但比水银弱。除了导热特性外，一个物体的温度所引起的作用在一定程度上取决于其表面的平整度或粗糙度。

冷点反常的觉醒。——冷点反常觉醒是温度对象位于45~50℃时，区域刺激的另一个因素。温度从45~50℃是对冷点的刺激。这意味着，当具有这种温度的物体遭受大面积刺激时，冷点和暖点都在起作用。

压力。——对压迫感的刺激会使皮肤的表面变形。在日常生活中，如木材、金属、空气或其他气体、液体、机械对皮肤表面的冲击、拉扯、皮肤起皱、触摸头发等，都会造成皮肤变形，从而起到压力刺激的作用。研究这一感觉器官的最佳方法是用一系列长度和厚度不等的毛发刺激一小块区域。应该区分有毛和无毛的区域。头发的运动本身就是一种压力刺激。皮肤的每一部分都有压力点,很少有例外。

疼痛感。——任何会刺痛、割伤、灼伤或撕裂组织的物体都能刺激疼痛反应的产生。它可以通过机械、热、电和化学手段来激发。将非常小的皮肤区域彻底地润湿,然后用极细的针尖擦一遍,那就可以找到痛点。痛点通常与冷、热或压痛点不一致。疼痛的阈值远远大于压力的阈值。对小面积的刺激表明,对压力的敏感性是对疼痛敏感性的1000倍。一些研究者使用了精细的玻璃纤维,因为它们不受潮湿的影响,而且总是笔直的,使用时也不会改变它们的弹性。角膜上布满了痛点。任何施加在角膜上的刺激,如果超过阈值,都会产生强烈的反射运动。

对末梢器官的刺激

到目前为止,在这项工作中,我们还没有机会研究神经系统与感觉器官及与肌肉的关系。现在需要说明的是,每一种感觉,无论是眼睛、耳朵、嗅觉还是味觉,都有高度变化的感觉结构,这些结构受到特定刺激的影响。可以把它们看作是一个化学实验室,在那里能量被释放,引发了神经冲动。这些感觉器官结构(细胞)通常不是神经系统的一部分,而是神经纤维末端高度修饰的上皮结构。

我们在皮肤的外层或表皮发现第一感觉结构。神经纤维在进入表皮后失去其鞘或覆盖物,并分裂成许多分支,这些分支最终位于皮肤细胞(上皮细胞)之间。这些末梢有时会刺穿这些细胞,或在任何两个细胞之间形成小结节。表皮有丰富的神经以这种方式结束。这些就是所谓的自由神经末梢。在真皮肤的上层，有梅斯纳和道吉尔的复杂小体和巴菲尼的乳头末梢，以及高尔基–马兹–佐尼的小体或球头。在皮肤的深层，有帕西尼小体和巴菲尼小体或圆柱体。除了这些主要形式，还有许多其他的过渡形式。毛发还具有高度特化形式的神经末梢，必须视其为真正的感觉器官。

已经发现，眼睛的结膜不会对温暖刺激产生反应。通过实验发现，皮肤对温暖刺激的反应时间（施加刺激与被试反应之间的时间）比其他任何皮肤刺激的反应时间都要长。体毛周围的神经丛是体毛部位的压力感觉器官。在无毛区，麦斯纳小体可能是压力器官。压力敏感最发达的地方，比如指尖、手、舌头和嘴唇的红色区域，麦斯纳小体非常多。在多毛的地方很少。

有证据表明，表皮的游离神经末梢是对疼痛刺激有选择性的感觉器官。痛点非常多。皮肤中唯一有足够数量的感觉结构来维持这种分布的是自由的神经末梢。

面积和刺激

产生动觉冲动的身体组织有：肌肉、肌腱和关节表面。在所有这些组织中都有特殊的感觉器官结构。由于这些结构的位置，很少有人单独对它们进行研究。要刺激它们是不可能的，因为它们深深地嵌在肌肉和肌腱的组织中，同时又不刺激它们上面的皮肤器官。因此，很难确定影响它们的刺激因素。我们通过麻醉（可卡因注射或乙醚喷剂）皮肤来更准确地定义刺激，并且取得了一些成功。人们发现，当皮肤器官失去功能时,对肌肉或肌腱的重压仍然会产生反应。如果压力足够大,就可以得到疼痛反应。同样地,人们已经发现,肌肉中的感觉结构可以通过电流强迫肌肉收缩来刺激。而肌肉的挤压、拉伸和强迫收缩也会影响肌腱和关节周围表面的感觉结构。运动感觉器官通常是在正常肌肉收缩的影响下,由组织本身的运动来刺激的。肌肉的收缩同时刺激肌腱和关节表面的结构。这种情况最常发生在走路、说话、喝酒、吃饭等方面,也就是说,当一个明确的身体动作发生时,肌肉、肌腱和关节表面是运动机制,同时也是非常重要的感觉器官。肌肉通常有一个明确的基调,也就是说,它们既没有完全收缩,也没有完全展开。当一个肌肉以任何方式被拉长或者收缩的时候,其长度或直径会改变,并影响到运动神经、感觉末梢的肌肉,同时,肌腱和关节表面受到刺激引起新的运动冲动,进而可以激发新的运动刺激。这个过程被重复一遍又一遍,直到执行一系列相关的行为。

　　在动物身上做的实验表明,肌腱的受压可能引起远处肌肉的反射。挤压肌肉可能引起动脉压升高。膝跳可以通过压迫或以其他方式刺激腿部肌肉来抑制。也就是说:在一个完美习惯的运作过程中,几乎所有的事情都被交给了动觉系统。很明显,如果不同时引起皮肤的一些冲动,肌肉的长度就不可能有很大的变化,因此,即使在执行大多数习惯动作时,皮肤感觉器官也会受到影响。

　　动觉器官结构的类型。——肌肉中最特殊的感觉神经末梢是肌梭。在肌肉纤维和肌腱纤维之间的过渡部分,有肌体中非常重要的肌肉——腱小体。

　　如果没有给出对半规管、小囊和小囊的感觉结构的一些参考,关于动觉的讨论是不完整的。这些结构及其功能有些复杂。每只耳朵有三个根管:外耳、上耳和后耳。耳道布置与三维空间近似一致。根管、小囊和小囊都是从岩骨中挖出来的。在骨腔内可见连续的膜性囊，管腔内与骨性结构大体一致，而胞腔和囊腔内与骨性结构的一致性较差。在这个膜性囊的内部是一种液体，叫做内淋巴。在囊和骨壁之间有淋巴管。每根管被扩张成一个壶腹部，在这里它与胞囊相连。第八脑神经前庭支就是在这些壶腹中终止的。膜性囊内的神经末梢与上皮细胞或感觉结构一起称为皮层。每个细胞的末端都有一根柔韧的长毛伸入内淋巴。它们无法在内淋巴中单独自由地移动；神经纤维与这些感觉细胞紧密相连。在小囊和小囊中有相似的感觉结构，这种结构整体上称为听斑。在小囊中有一个黄斑。黄斑部的感觉细胞比嵴部的感觉细胞短。在黄斑部，毛发被一团更密集的物质聚集在一起。在这些毛发中有一种叫做耳石的石灰颗粒的碳酸盐。

刺激平衡感。——由头部运动引起的内淋巴压力的变化对耳道中的毛细胞有足够的刺激作用，头部的运动必须足够大。当这些管道受到刺激时，肌肉张力就会发生变化，可能是全身的每一块肌肉。如果刺激强烈，所能看到的最典型的反应是眼球震颤，即明显的快速转动，不用仪器就能观察到。如果受试者非常敏感，或刺激变得更强烈，他可能会呕吐。观察半规管受刺激现象的最简单方法是将受试者的头几乎垂直地举起，闭着眼睛转动他，让他指出被转动的方向。如果突然停下来，受试者会说他在向相反的方向转动。你会发现，在几次转动之后，眼睛也会快速地来回转动。如果在旋转时头部向下或向一侧，除外管外将受到刺激。如果在20秒内旋转10次，要求受试者站直，就会做出剧烈的相反方向运动。因此，我们不得不承认，半规管中含有一定的感觉器官，这些感觉器官是由头部在不同平面的旋转运动所激发的。当受试者旋转时，感觉器官也可以通过电刺激和在耳膜上引入冷水和热水。

举一个具体的例子：当受试者头部直立，或以30°的角度倾斜旋转时，外部的半规管受到刺激。如果受检者向左旋转，由于液体的惯性，首先会导致两个外管的内淋巴向右移动，这将导致眼睛水平向左侧眼球震颤。当旋转停止时，内淋巴继续向左移动一小段时间，这将引起右侧水平性眼球震颤。在旋转实验中，通常忽略旋转时的眼球震颤，只观察旋转后的眼球震颤。大多数人在20秒内旋转10次，眼球震颤后的时间平均为26±10秒。这项测试已被许多耳科医生用于确定中枢神经系统的病变。

在用水刺激根管时，如果温度在生理零度，就不会发生反应。在这个温度以上和以下，水将起到刺激作用。如果水是冷的，眼球震颤的方向是一个，如果水是热的，眼球震颤的方向是相反的。改变头部的位置会改变眼球震颤的方向。在电刺激中，正极可以放在一只耳朵上，负极可以放在另一只耳朵上，或者耳朵可以通过把一个电极放在耳朵上，另一个放在身体的某个较远的部位来分别受到刺激。当两只耳朵同时受到刺激时，一股非常微弱的电流就足以引起眼球震颤。如果负极在耳朵上方，眼球震颤则朝向那一侧；如果正极在耳朵上方，眼球震颤则远离那一侧。

胞囊和小囊的功能。——至于对胞囊和囊袋的刺激，没有很确切的结果。据推测，它们的脉冲有助于身体沿着重力的方向运动。当然，这在很大程度上取决于触觉和动觉感觉，正如运动性失调患者的蹒跚步态所显示的那样，运动感觉冲动受到干扰。在游泳时，当身体完全浸没在水中，这些触觉冲动不能有不同的功能；但是，即便这样，正常人总是能够正确地指出身体的位置。失聪的聋人，由于其胞囊和小囊没有功能，因此不能做到这一点。有人提出这样的观点：当身体处于休息状态时，以及在身体渐进的（非旋转的）运动过程中，小囊和小囊产生的冲动使头部保持平衡。因此，它们补充了半规管的平衡功能，半规管主要在头部旋转时起作用。胞囊和小囊中的毛细胞被认为是受到耳石压力的刺激。当身体处于任何休息状态时，由于耳石比内淋巴重，所以它在重力作用下会下沉，从而刺激毛细胞。头部位置的改变将再次改变耳石的位置，同时再次刺激毛细胞。半规管、小囊必须被看作是通过小脑与身体的每一块肌肉相连接的极其重要的器官。因此，任何头部的突然运动都会引起通过小脑和肌肉的冲动。但说话习惯与前庭器官的功能无关。

有机感区域

器官冲动产生的部位一般是在胸腔、腹腔和盆腔内的器官和组织。产生冲动的肌肉组织主要是无线性的或平滑的种类（心脏、隔膜等除外），因此受自主神经系统支配；但几乎所有这些内脏结构都有来自脊髓或大脑的传入或感觉神经。这些神经末梢不是游离的，就是高度特殊化的结构，如帕西尼小体。当受到刺激时，它们会引起属于器官感觉的神经冲动。这些冲动，就像那些来自皮肤和运动感觉器官的冲动，传递回中枢神经系统，并作为一个整体启动身体的运动。当身体必须有食物、水、性冲动出口，或从废物和有害物质（如结石、感染、或从紊乱或撕裂的内部组织的影响等）中解脱出来时，有机冲动就会被激发。由于有机体的存在依赖于这些条件的调整，所以有机的冲动会对手臂、腿等的线性肌肉产生强有力的影响，从而引起一般人的注意。

感觉末梢最频繁刺激那些隔膜和其他呼吸系统机制，心脏和其他循环机制、外部腹膜、胃和消化道的入口、软腭，最后消除体内废物。可能绝大多数的内部结构的传入痛觉末梢从来没有被要求在一个正常的个体中发挥作用。

它们在疾病中起作用，例如，胆结石的通过、感染等。需要指出的是，心脏、动脉和静脉、脾脏、胰腺、肾脏和淋巴腺似乎缺乏对疼痛的敏感性。器官的功能通常不涉及语言。我们的意思仅仅是，如果被问及正在进行的过程，他会发现不可能或几乎不可能做出任何有效的观察。的确，有一定数量的语言活动与它们的功能有关。例如，人们说饿了、渴了、有疼痛或绞痛。但是每个人都必须承认，有机的感觉运动过程与语言功能的结合很差。由于感觉器官结构的广泛分布及其获取的困难，详细的实验工作几乎是不可能的。一些成功是通过间接的方法获得的。骨膜、脑膜和脊髓的痛觉末梢最容易归类为器质性痛觉。

在操作过程中，通过结构的刺激和条件反射的方法，可以用温水或冷水填充橡胶气球。

有机的刺激。——尽管缺乏与有机冲动有关的复杂的语言习惯，但人们可以最清楚地看到它们运作的结果：干渴，这是由软腭的干燥引起的；饥饿，是由胃部有节奏的肌肉收缩引起的；排便，是由筋膜对大肠肌壁的压力引起的；排尿，是由尿压在膀胱括约肌上引起的；性活动，至少部分是由精液的压力引起的；疼痛时因内压、感染等引起反射；打嗝、呕吐等，刺激是不同的。只要有机冲动正常地被激发，反射有序地发生，这个人就被认为具有良好的有机性。

许多由器官冲动引起的活动在功能上是有节奏的，如心跳、呼吸、饥饿、排便功能和性活动。我们在有机反射中看到时间"感觉"的可能基础。在高度复杂的动物群落中，一种动物会做一件确定的事情,比如觅食、在巢中与配偶交配,这是相当有规律的间隔。当人在没有手表的情况下,在胃部肌肉有节奏的收缩的引导下,相当有规律地放下工作去找食物时,人体也会有同样的机制。人类对这些节奏的依赖程度比他通常承认的要高。一小时以上,学生就会变得焦躁不安;如果晚餐拖得太久,超过了他们通常的用餐时间,客人就会感到烦恼和心烦意乱;婴儿被教导每隔两小时进食一次,时间一到,他们几乎立刻醒来,如果没有食物,他们就会哭得很厉害。

就位置而言,腺体属于有机冲动产生的区域。可以确定,传入神经或感觉神经以腺体为终点,但这类冲动的功能似乎并不为人所知,它们可能是腺体自身的调节。

味觉

区域。——儿童的味觉区域比成人的要大得多。味蕾是味觉器官,它们在舌尖上分布得相当密集,舌头的侧面和边缘、成年人的舌头的背中部缺少味蕾。右图所示是味蕾结构图。

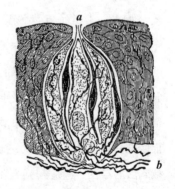

a. 味孔 b. 神经纤维

器官的味道。每个味蕾由大量上皮细胞组成,构成一个梨形器官。除了感觉细胞外,还存在支持细胞。每个感觉细胞都有味觉毛。整个结构是烧杯形或桶形。一个小的孔,在表面上微微张开,用来接收味道的溶液。神经纤维直接分布在味蕾上。虽然味蕾是真正的味觉器官(与皮肤上的毛发和微粒相对应），但很少能发现它们孤立地分布在舌头表面，而是聚集在所谓的乳头周围。

除了舌头底部的硬膜状乳头外，唯一具有味觉功能的其他类型的乳头是蕈状的，在每个轮状卵泡中大约分布着400个味蕾。

舌头和口腔不仅包括一个味觉器官，还包括一个自发的和运动的区域。

此外，味觉作为一个整体与嗅觉相互作用，因此，在对味觉进行检验时必须格外小心。一般情况下，测试液体必须加热至体温，以避免引起反射性的舌头运动；鼻子必须紧紧地塞住；最后，个体乳头必须受到刺激，使刺激不能扩散，从而引起接触冲动。最好使用小的骆驼毛刷。

当采取了这些预防措施后，人们普遍认为有四种不同的感觉器官：一种对甜的物质敏感，一种对苦的物质敏感，一种对咸的物质敏感，一种对酸的物质敏感。

如果把舌头作为一个整体来考察，就会发现，舌头对甜味物质的敏感度在舌尖处最高，在舌根处最低。对苦味物质最敏感的部位是舌根部。对酸性物质最敏感的部位是中位区。最后，对咸的敏感性在顶部和边缘最大，在底部最小。显然，对味蕾的刺激必须足够。电刺激、热刺激和接触刺激对味蕾的机械性唤起尚未得到证实。当舌头下面的部分被巧妙地敲击时，就会产生一种间接的刺激。受试者报告了咸刺激的存在。这是由于受到了突然的压力，毛细血管和随之释放的少量内容物。

单个的味蕾不能像冷点和暖点那样被刺激，但如果在四种味觉刺激下有大量的乳头状突起被覆盖，就会发现不是所有的乳头状突起都对这四种溶液有反应。

某些物质能够使味蕾脱离正常状态。酸首先作用于味蕾，使器官对甜味的敏感度下降，然后对苦味的敏感度下降，最后对咸的敏感度下降。它显然不会影响对酸敏感的器官。可卡因影响舌头的皮肤敏感性，最后是味觉敏感性。

人们进行了许多实验，目的是为了发现物质在成为适当的味觉刺激之前必须具有什么样的化学特性。到目前为止，还没有得到可靠的结果。

嗅觉

区域。——组成嗅觉本身的面积非常小，它如一个小的鞍状膜衬在每个鼻腔的顶部和侧面。对嗅觉刺激敏感的总面积（左右）约为5平方厘米。

刺激。——对嗅觉有足够刺激的是直接与嗅膜接触的气体粒子。并不是所有的气体粒子都会产生嗅觉反应。总数是未知的，但是非常大。

实验表明，含有气味物质的液体直接接触细胞膜可以作为适当的刺激物。

从物理角度来看，液体和气体的溶解度似乎与激发膜的性质有关。激发膜的功能也可能与热射线的吸收系数有关。

根据各种气味物质产生的反应的一般相似性，对它们进行了分类。这种分类如下所示：

类1　水果气味——水果，葡萄酒；
类2　芳香气味——香料，樟脑，丁香，姜，茴香；

类3　香草；

类4　麝香；

类5　韭菜气味——氯化物、碘、碳化物、阿魏提达；

类6　烧焦的气味——烤咖啡、烟草烟雾、木馏油；

类7　平馏气味——乙酸、奶酪、汗水；

类8　恶臭——鸦片、鸦片酊、臭虫；

类9　令人作呕的气味——腐尸花、恶臭。

　　香水师已经学会了将气味刺激结合起来的艺术，从而产生一种从反应的角度来看是全新的嗅觉刺激。嗅觉器官在这方面无疑是特殊的。

　　事实上，我们经常用一种气味来掩盖另一种气味的刺激。

　　某些气味可以完全消除，也就是说，刺激物可以通过嗅觉以高强度引入，以至于无法获得嗅觉反应。这种完全消除的现象在自然界中很少见，在人类的正常生活中起不了什么作用。

　　嗅觉与触觉和温度联系在一起。要记住，许多味觉刺激同时也是嗅觉刺激。人类对葡萄酒、肉类等食品的各种微妙反应在很大程度上是基于嗅觉的。此外，皮肤神经分布在鼻腔和嗅膜本身。因此，在许多情况下，所谓嗅觉刺激同时也是触觉刺激，甚至是触觉和动觉刺激。

　　嗅觉区很小。它位于鼻腔的顶部，向两侧延伸。它远离正常的呼吸道。空气都从它下面流过。如果呼吸被阻止，任何气味物质都不会产生嗅觉反应。换句话说，为了产生一种嗅觉反应，气味物质必须被放置在空气流通的地方。一般认为，气体粒子是由吸入或呼出的气流散发出来的。

通过扩散到达和刺激嗅觉器官。上图大体显示了膜的位置及其与整个鼻腔的关系。

膜中单个嗅觉元件的结构与皮肤中感觉器官的结构大不相同。在皮肤中，神经纤维末端环绕着上皮细胞，感觉器官本身就是这种非神经结构。细胞体是双极的，位于膜本身。每个细胞的外壁由许多毛发状的结构组成，这些结构向膜内或膜外投射。细胞的另一端产生神经纤维（轴突），它可以通过海绵状的骨头向上延伸到位于嗅球的细胞周围。嗅球位于大脑腹侧表面。

听觉

听觉的生理知识。——在探讨听觉刺激的性质和这种刺激所引起的反应之前，先看一看发声物体的物理性质，这是有益的。一些弹性体，如钢筋和音叉，在进行简单的摆动或正弦波运动时，会产生凝结和稀疏的等间距波。根据这些弹性体的长度和结构，以及它们被驱动的能量，可以得到频率、长度和振幅变化范围很广的波。大多数弹性体，例如乐器的琴弦，在受到整体和局部的驱动时都会振动。这些物体在空气中传播的波动变得非常复杂。在这种情况下，通常把身体发出的最低振动频率称为它的基本振动（或音符），把其他频率称为它的分音。如果一根弦以每秒100次的速度振动，实验将会证明它的振动长度是它长度的一半、三分之一、四分之一、五分之一，等等。所以当拉伸的弦被拨动时，会产生非常复杂的刺激。当一个特定的频率作为一个复合波的组成部分出现时，可以记录下任何一种乐器在被敲击时所发出的全部振动。通过这种方法，就有可能在一定程度上准确地描述两个发出相同音符的人所设置的不同频率。键控和微动仪器在复杂的振动频率方面有很大的不同。这就是为什么C调在钢琴、长笛、管风琴或短号上演奏时,人们听到的声音却不同;它们都有相同的基本振动,但它们的局部变化足以让人们对它们做出不同的反应。我们可以命名它的来源,或者当它出现在钢琴上时产生一种反应,当它出现在小提琴上时产生另一种反应。

这样的刺激我们称之为调性刺激。人们注意到这样一个事实,即一个简单的音调刺激,例如音叉上一个512赫兹的音,其振幅和持续时间相同。然而,日常生活中所有的色调刺激都是复杂的,刺激作为一个整体可以引起反应。夜里孩子哭了,母亲就会醒来。

还有一种振动是由如纸的撕裂或椅子在地板上的拖拉引起的。在这种情况下,弹性体不会对空气粒子产生有秩序的时间扰动,而且毫无疑问,存在的色调成分也不会持续超过几分之一秒。这种刺激物对空气波的物理描绘缺乏周期性和规律性,这样的物体会发出非周期的振动。所有这些刺激往往属于一般的噪声刺激。

对听觉反应的充分刺激。——对耳朵的充分刺激往往需要由弹性物体(如被拉伸的弦、音叉或人的声音)的振动所产生的空气波。这可以通过敲击一个音叉并把它放在受试者的牙齿之间来测试。对听觉反应的刺激是内耳流体中的波动(无论如何产生)。一般来说,这样的运动可能是由:①通过这种液体的无线电波产生的弹性机构的往复运动;②通过骨传导;③通过间歇性的或反射动作的张量定音鼓和肌肉——两个小肌肉属于中耳结构;④可能是由于任何一种耳膜的充血,也可能是由于下面赫姆霍尔兹的组合音理论中所讨论的中耳的骨头发出的咔嗒声。

不同的反应。——两个具有相关频率的分频器,例如,一个是512

赫兹，另一个是511赫兹，当同时受到打击时，会产生一种特殊的听觉刺激。首先有一个缓慢增长的强度刺激，然后强度下降。耳朵对这种强度的波动非常敏感，当节拍变得非常快时，就会引起某些对抗性或回避性反应，而这些反应是在演奏者演奏间歇时出现的。

对音调刺激的反应。——人在受到简单的周期性振动刺激时，例如一套大的音叉所产生的振动，其刺激的敏感性开始于大约40次/秒的单次振动。随着年龄的增长，范围几乎总能缩短。此外，对振动频率的细微差别也很敏感。对于没有受过音乐训练的人来说，这种差异要大得多，而对于所谓的音盲来说，这种差异还会更大。偶尔在对听力有缺陷的人进行调查时，可以发现他们不能对给定的音调或邻近的一组音调做出反应，但他们会对较大或较小频率的振动频率做出正常的反应。

结合音调。——当一个物体同时受到两个简单（"纯"）音调的刺激时，人们注意到的一个显著的现象是，他实际上对三个（或更多）音调有反应。如果1328赫兹和1024赫兹的音调在一个人的耳朵里响起，他被要求敲击刺激中使用过的叉子，他不仅会敲击1328和1024，还会敲击304，即"差异"音调。如果受过音乐训练，他可以敲出其他几个音调，例如720、416等。有一个普遍规律可以说明这些关系。值得怀疑的是，这种音调是否存在。

组合音的起源理论。——这些音调是如何产生的？赫姆霍尔兹认为，当中耳被迫同时对两种基本音调做出反应时，听骨就会发生不对称的运动，从而产生咔嚓声，而这种咔嚓声在数学上可以表示为所观察到的事实所需要的频率。骨头的这种周期性的咔嚓声是内耳流体所受的联合波运动的一部分。因此，虽然没有与组合音调相对应的频率振动的弹性外体（或可能没有），但这些波能被传递到中耳。

当感觉器官受到某种刺激时,它自身会产生一部分刺激,最终作用于感觉神经末梢。

对噪音刺激的反应。——对噪音刺激的各种反应还没有得到大量的研究。在两次完整的振动传递到耳朵的液体之前,任何音调上的刺激都会被当作噪音来反应。在文字中,有许多表示噪音刺激的词,如嘶嘶声、低语声、叹息声、轰隆声、隆隆声、撞击声等。很可能噪音刺激比音调刺激更能引起情绪反应。在日常生活中,噪音对人类行为有着巨大的影响。当一个人的职业要求他对一个充满噪音的世界做出反应时,他的差异敏感性和阈限敏感性就会变得非常敏锐。举个例子:猎人能凭叫声说出森林中各种动物的名字,印第安人对最轻微的噪音也能敏锐地辨别出来。噪声是日常生活中最重要的刺激物。

听觉器官。——一般来说,耳朵分内耳、中耳和外耳。内耳的一部分,即前庭部分,由半规管和小囊组成。耳朵的其余部分、耳蜗,负责接收听觉刺激。外耳、中耳,是由鼓膜斜连在听道的末端和听骨及其肌肉组成的。

人的外耳形状相当复杂,它的一般功能是收集和浓缩声波。鉴于它在人体内的形状、它的附着方式,以及它肌肉的萎缩状况,它在听力方面几乎没有什么作用。从耳孔延伸到中耳的耳道或外耳道是传递空气振动的通道,长约22毫米,它的路线有点曲折,内径变化很大。它的皮肤上有毛发和分泌蜡腺。毛发和耳垢保护中耳和内耳。

中耳或鼓膜,是颞骨中不规则的腔。它的外壁由鼓膜组成。鼓膜呈椭球形,拉紧,直径约10mm。它大约1毫米厚,由径向纤维和环形纤维组成。它以这样一种方式延伸到通道上,向这个开口呈现一个凸面。在分隔中耳腔和内耳的鼓膜腔内壁上有两个呈卵圆孔和圆孔的开口。鼓室通过咽鼓管与颊腔相通。一条不规则的骨链被拉伸在鼓膜和膜覆盖层之间——卵圆孔。骨链由锤骨、砧骨和镫骨组成。声波的运动通过镫骨传到内耳的内部。中耳作为一种传导和增强装置具有其重要性。

内耳的听觉部分，即耳蜗，耳蜗是一螺旋形骨管，如下图所示。耳蜗是一个螺旋管，由蜗轴向管的中央伸出一片簿骨，骨螺旋板，还有一层膜，叫螺旋膜，把耳蜗骨管分成上下两部，上部称前庭阶，下部称鼓阶。通过圆孔与中耳的鼓室相通。

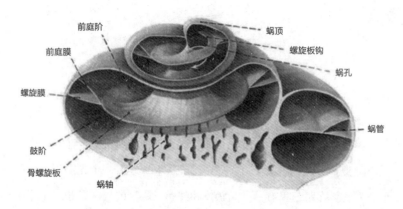

耳蜗（通过蜗轴的剖面）

在前庭和鼓室中充满了淋巴管。骨架、螺旋膜和骨壁衬膜构成三角囊的侧面。

真正的听觉器官在螺旋过程中，它们被支撑在螺旋膜上（也被称为基底膜）。耳蜗的中心作为一个整体，是由一块海绵状的骨头组成的，叫做耳蜗。听神经的神经纤维穿过骨头，分布在基底膜上的听结构上。

听觉刺激理论。——如何刺激单个的毛细胞？对此大家提出了各种各样的理论。赫姆霍尔兹理论曾经是最受推崇的，但现在却逐渐失势。这一理论可以表述为：当一个500分贝的音叉发出声音时，声波被传递到耳液中。其中一个基膜纤维被调谐到那个频率，它开始共颤。当这种纤维振动时，它迫使毛细胞的发丝（可能）撞击到覆盖膜上，唤醒神经元和细胞。在纯逻辑的基础上，这一理论很好地解释了听力的各种现象。皮尤研究中心的物理学家们认为，基膜的径向纤维就像均匀膜的一部分一样，可以像赫姆霍兹设想的那样振动。埃瓦尔德提出了一个理论，在物理方面似乎更有道理。他假设每一个音调刺激都会导致基膜在其整个长度上振动。每一个音调都会给人留下不同的印象。

视觉

眼睛的结构。——眼睛的整体功能有点像照相机。在照相机中有一个镜头，可以把图像聚焦在一个感光板上，还有一个光圈用来控制光的强度。在眼睛里有一个晶状体和虹膜。眼睛的视网膜相当于照相机的感光板。每个眼球几乎都是球形的。它是由同心的外壳，一个晶状体和两个流体体——水状和玻璃状体液组成。下图所示是眼睛的重要结构。

发射从其他光源射向它的光。如果把A、B表面想象成眼睛感光视网膜的一部分，可以看到它会受到A的辐射的刺激，但需要满足以下条件：

（1）部分被截获的辐射必须位于400纳米至800纳米的波长范围内。

（2）在此范围内的强度必须超过一定的最小值。

（3）光照时间必须超过一定的最小值。

（4）辐射范围必须超过一定的最小值。

以下是一些重要的事实：①在两幅同样明亮的图像中，如果组成图像的光线相似，则单位面积的能量是相等的。②若两幅图像在视网膜上处于相似的光线下，其亮度不相等，则两幅图像的能量含量不相等；可以通过确定较亮的图像为与另一图像的亮度相等所必须承受的能量含量的减少量来进行比较。③相反地，如果在不同的光线下形成两幅同样明亮的图像，则在视网膜上传递的单位面积能量可能是不相等的；此外，在不同的光线下形成的两幅图像，其单位面积的能量相等，其亮度可能不相等。

给定波长的"可见性因子"在很大程度上受到先前刺激视网膜的强度和持续时间的影响。在"完全色盲"的情况下，主体无法分辨。在两盏均匀的灯之间，这两盏灯的亮度对人的眼睛来说是相等的。有证据表明，小白鼠和兔子、猫和狗是完全色盲的。

在其他形式的"色盲"中，受试者可以对不同的波长做出不同的反应，但阈值远远大于正常的观察者。

如果把两张相同的灰纸分别放在高反射率和低反射率的纸上，并在相同的光照条件下，它们的反应就好像它们有非常不同的亮度，前者的亮度较低。

一般来说，如果两种光的强度或波长不同，刺激视网膜的相邻部分，就会产生互补的效果。受刺激区域分离得越远，其影响就越小。这一事实被称为对比法则。

如果眼睛适应了黑暗，在消失许多小时后，它们能够恢复到强烈程度。

光刺激的有效性是由三个变量决定的：①它的亮度；②应用它的视网膜区域；③它的持续时间。如果一个受试者从一个光线明亮的房间被带到一个光线很弱的房间，他首先要么无法分辨物体，要么只能对那些与背景亮度相差很大的物体做出反应。过了一段时间，从几分钟到一两个小时不等，他就能对同样的物体做出快速而确定的反应。如果他现在突然进入一个光线明亮的房间，他可能会再次看不清楚，可能会努力保护眼睛不受光线的伤害。过了一会儿，从几秒钟到几分钟，他又能做出正常的反应。在这些条件下发生的变化称为适应性变化。

究竟是什么决定了适应还不清楚。瞳孔在非常昏暗的光线下会扩张到直径8毫米左右。如果突然受到强光刺激，它通常会缩小到直径约2毫米，但之后可能会呈现出更大的值。

有研究表明，某些低等脊椎动物视网膜上皮细胞中的色素（与视杆细胞和视锥细胞呈燕尾状）在强光下向前迁移，在黑暗中向后退缩。另一方面，在高光照下，视杆细胞伸长，因此它们的敏感部分被色素层很好地保护，而视锥细胞则收缩。在黑暗中，情况似乎正好相反。

有理论认为，视杆细胞和视锥细胞是两个独立的、可选的机制，前者在非常低的亮度下工作，后者在非常高的亮度下工作。在一定的亮度范围内，视杆细胞和视锥细胞的功能大致相同，但在这个范围之上和之下，只有一种机制是有效的。

第四章

神经生理学基础

导言。——在研究了受体并发现它们的活动涉及神经冲动的启动之后,下一步是了解神经传导以及神经冲动的过程,最后到达效应器——肌肉和腺体。所有由感觉器官产生的神经冲动,在到达肌肉和腺体之前,必须经过脊髓或大脑。

神经系统的单位是神经元。完整的神经元如下图所示,它由轴突和树突的细胞体组成。细胞体是一个有点复杂的结构,它的细胞核与其他细胞的细胞核没有太大的区别。细胞最具特色的部分是它的细胞质,它是由神经原纤维组成的,这些细小的纤维在轴突、细胞体和树突上都是连续的。原纤维周围物质是一种包裹着神经原纤维的液体。

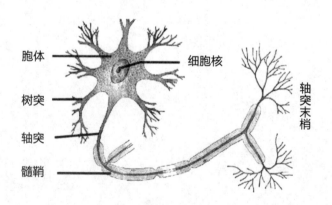

神经元结构图

轴突向外传导脉冲,即远离细胞体,而树突向心传导。神经元的树突,可能是重要的营养单位,因为它们提供了与营养环境的许多接触点。

虽然神经元是神经系统的一个单位,但它不能单独起作用。只有当它建立起连接时,它才能发挥管道的作用。传导的功能单位叫做反射。

人们认为,来自感觉器官的冲动很有可能通过两个神经元中的任何一个传递到肌肉中,但是位于一个突触处的瞬时阻力可能非常强,以至于冲动只能通过另一个传递出去。很容易看出,这个假设可能有助于解释习惯、未能获得预期的反应、睡眠等。

人的运动神经中的神经冲动的速度约为每秒125米,速度可能以各种方式改变。温度的变化对它的影响最显著。如果从低温开始测试速度,发现温度每上升10℃,速度就增加一倍,直到达到生理极限。将神经的某个部分冷却到某一点以上,就会阻止神经冲动。麻醉药和麻醉剂也可以局部应用于神经,既可降低其刺激性和导电性,也可使其完全悬浮。电导率和过敏性也可能通过剥夺神经的氧气而暂停。随着氧气的恢复,这些功能得以恢复。

脑脊液系统(中枢神经系统)——大脑和脊髓具有各种各样的外部连接,可以看作是简单和复杂的反射传导系统的整体集合。大脑和脊髓一方面与感觉器官相连,另一方面与肌肉和腺体相连,在各种受体和各种效应器之间提供了一个多重连接系统。无论被刺激的感觉器官结构有多微小,在那里产生的冲动都可以传到中枢系统,并产生整个机体的反应,而这种反应与施加在感觉器官上的实际能量是完全不成比例的。换句话说,一个刺激作用于身体的任何部位,不仅产生局部的节段性反射作用,而且可能改变身体各个部位的紧张度和分泌系统。

为了理解神经系统是如何组合在一起的，我们必须首先花一些时间来研究大脑和脊髓的大体特征，然后回到对内部结构和神经元之间相互关系的讨论上。一旦确定了大体结构，它们将成为描述大脑和脊髓中各种通路的标志。

大脑和脊髓共同被称为中枢神经系统（中枢神经系统），中枢神经系统一方面通过感觉器官传入与脊髓相连，另一方面，通过外周脑脊神经传出到肌肉。后者常被称为外周神经系统（外周神经系统）。通常交感神经或自主神经系统（交感神经系统）是周围神经系统的一部分。脊髓长约45厘米，从第一颈椎延伸到第一腰椎体的下部。它的上部与延髓相连，延髓是大脑的最低部分。

脊髓几乎是圆柱形的，有两处扩大，一处是颈髓（颈部隆起），一处是腰髓（腰部隆起）。脊髓的神经根从脊髓的规则节段离开，有31个这样的节段对应于31个脊神经。脊髓分为白质和灰质。脊髓外部分由白质组成，中心h形部分由灰质组成。白质主要由神经元中被髓鞘包围的突起构成，灰质主要由神经元的胞体构成。

大脑是人体最复杂的器官。神经系统最高级部分，由左、右两个大脑半球组成。除了表面的横向轴突外，这里还有许多神经元的轴突。下图所示为大脑的结构图。

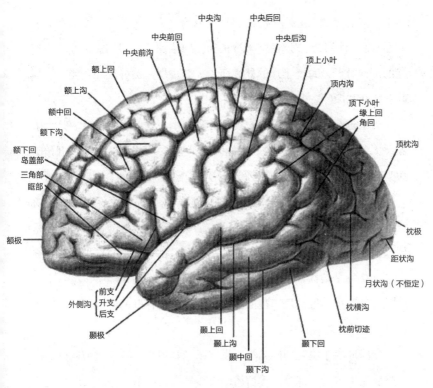

大脑的结构图

大脑脚与四叉神经体相连，属于丘脑区域的三种结构，即内侧、外侧膝状体和松果体腺。丘脑本身是卵形的、沙发状的，在它的表面形成第三脑室的壁。

大脑半球。——人的大脑半球是中枢神经系统最大的部分。它们呈卵球形，与颅骨穹隆的内表面相对应。两个半球由纵向裂（纵裂）分隔开来，纵裂从额极延伸至枕极。硬脑膜的深层褶皱深入被称为大脑镰的纵裂中。当从大脑半球的上方观察时，所有其他的颅结构都被完全遮蔽了。小脑直接位于枕极之下。

大脑皮层由被称为皮层的灰色外表面组成。大脑的白质位于皮层之下。只有大约三分之一的皮层是可见的，另外三分之二在沟和裂缝的墙壁和地板上。皮层的褶皱被称为脑回或回旋。它们被沟或称为裂缝的深沟分开。每个半球的外表面（大脑皮层）被分成叶：额叶、顶叶、枕叶和颞叶。中央叶隐蔽。

为了进行这些划分，首先找到分隔两个半球的纵裂，然后是大脑侧裂（大脑外侧裂），它是一个侧裂。罗兰多（中央沟）的裂缝开始于大脑半球的最高点附近，向外和向下延伸至大脑的外侧。

脊髓的外周神经元。——连接感觉器官和肌肉的通路，是31对脊神经。每根神经由两个根组成，一个是传出根或运动根，另一个是传入根或感觉根。在31个传入根的每个根上都有一个叫做神经节的突起，这是一个结构。不嗅神经位于鼻黏膜内。在视神经中，第一个神经元、细胞体和轴突位于视网膜上。标记为视神经的颅神经不是周围神经，而是中枢神经束。

原因取决于眼睛的胚胎学。视网膜及其视杆（后来成为视束）最初是胚胎大脑的一部分。舌白质轴突传导来自舌前三分之二的味觉冲动的通路是未知的。它们可能会跑到丘脑，并在那里被重新保存后进入位于颞叶基底部的海马体回。

耳朵前庭部分的大部分连接都是由小脑和脊髓构成的。

周围视神经位于视网膜（一级神经元）中。神经节细胞层及其纤维是运动感觉系统中与从小脑到丘脑的束相对应的二级上行神经元。这些神经元被正确地命名为视神经束（视束）。

从研究中我们发现，许多对象可以刺激不止一个感觉器官。如果习惯的形成（获得性的反应形式）涉及皮层，那么每个感觉器官的皮层接收区应该与皮层运动区紧密相连。弗里奇在对普法战争中的一名伤兵进行手术时发现，如果电流作用于大脑的某些部位，肢体就会发生运动。实验表明，中央前回是主要的皮层运动区。

对皮层感觉投射中心损伤后的功能定位和干扰的研究，在神经学界形成了一种科学的颅相学。关于中枢神经系统的主要事实，是它提供了一个连接感觉器官和神经系统的系统腺体和肌肉。在任何地方中断这一途径，有机体就不再作为一个整体行动；行为模式的某个阶段将会消失。神经系统也不应该被过分强调。整个运动系统和每个部位的腺体系统都参与反应。突然的弯腰或旋转头部，或一声巨响，可能会改变身体每一块肌肉——包括线性和非线性——的张力，并开始大量的腺体活动。但是，没有骨骼的参与，行动就不可能发生。行动意味着增加食物供应，增加心脏负荷，消除废物。一个简单的手眼协调，从地上捡起一根大头针，就能使整个机体做出有序、完整的反应。没有中枢神经系统，这种有序的反应是不可能出现的，同样，如果没有心脏、没有骨头、没有腺体和肌肉，就不可能有这样的反应。

交感神经系统。——交感神经系统被看作是外周运动神经系统的延伸。属于脊髓和大脑的周围运动神经分布在身体的线性肌肉上。但是骨骼的线性肌肉组织只代表传出器官的一部分。胸腔、腹腔和盆腔内的脏器以及头部区域的某些结构包含无线性或平滑肌组织和腺体。交感神经系统几乎在所有情况下都受脊髓运动神经和大脑支配，控制着内脏和腺体的平滑肌。因此，交感神经是完全运动的。传入神经元分布于交感神经支配的组织中，但这些传入神经元属于我们已经研究过的传入外周脑脊液系统-感觉器官。没有实质性的证据表明交感神经系统有其自身的传入供应。从进化的角度来看，这可能是正确的。

说到底，构成这些功能基础的交感神经机制只是整个身体的一部分。为了理论的利益而过分强调它就是忽视事实。

交感神经节由灰质、产生轴突的细胞体和来自其他神经元的轴突末端组成。交感神经的轴突经过一段较短或较长的过程后，最终在腺组织、心肌、血管和身体各处发现的非横纹肌组织中结束。这个系统在毛发的竖立、瞳孔的扩张和收缩、唾液的分泌、心脏的抑制和加速、脸红、鸡皮疙瘩、蠕动、排便、排尿、性器官的肿胀等方面起作用。交感神经是运动神经，控制着所谓的植物功能。而整个交感神经系统都是通过节前神经元来控制中枢神经系统的。

感觉器官与中枢神经系统相连，后者与肌肉和腺体相连。

交感神经系统的每个感觉器官都是一个以肌肉结束的弧线的起点。器官也不例外。该系统的传入部分在各方面与动觉或皮肤的传入部分相似，但在运动方面，它需要神经节前神经元和神经节后（交感神经）神经元与效应器建立连接。换句话说，前神经胶质神经元属于中枢系统，必须"延长"或"补充"才能到达和刺激属于有机系统的运动器官。

第五章

反应器官：肌肉和腺体

导言。——脊髓和大脑的运动神经元直接或间接地（通过交感神经节后神经元的中介作用）结束于人体和腺体的平滑肌。接下来，我们省略了所有的细节，只总结了这种行为最重要的特征，以及与心理学最相关的特征。

线性肌肉。——骨骼肌或线性肌构成整个身体的主要部分。每块肌肉或多或少是一个有机的整体，可以有各种形状和大小。然而，肌肉的形态单位是肌纤维或肌细胞。每一块肌肉都由大量的线状细胞组成，这些细胞通常与肌肉的长轴平行。在一端或两端，肌肉逐渐变细并与肌腱形成连接。肌腱依次附着在骨头上。肌肉纤维分为较大和较小的束，每个束与结缔组织相结合。一个鞘，或外膜，作为一个整体包围着肌肉。

单个肌纤维的直径和长度差异很大。它们很少长过36毫米，直径从0.1毫米到0.01毫米不等。这些纤维是圆柱形的。

肌肉与骨骼、肌腱等的关系。——人体骨骼约有200块，是被动的反应器官。肌肉是活动的器官，骨头或多或少是刚性结构，很好地适应了它们的功能，结合了最大的刚度和最小的重量。所有的长骨都是中空的，里面充满了脂肪。这些骨头和头骨紧密地连在一起，但又能互相移动。由软骨连接的骨头是半活动的，例如，骨盆、肋骨和脊椎的骨头。关节囊连接的骨头是半移动的、可移动的或完全移动的，如肘部、膝盖、肩膀和臀部。在真正的关节中，骨头的顶端覆盖着一大块软骨，软骨附着在连接两块骨头的纤维关节囊上。囊外是坚固的保护韧带。每个囊内有分泌滑膜的上皮细胞，滑膜是一种透明的黏性物质，润滑关节表面。大多数骨骼肌的两端都有肌腱。肌腱末端是两块相连的骨头，因此，大部分肌肉穿过一个关节。只要满足这个条件，就形成一根杠杆。骨架是由大量这样的杠杆构成的。无论何时，只要是运动的器官必须有速度，但需要克服的阻力很少，力就供给杠杆的短臂；反之，如果速度不是必需的，但需要很大的力，则力就应用在较长的臂上。比如前臂的运动和用脚趾抬起身体。对于所有更灵活的身体部位的更精细的运动，有屈肌和伸肌，这两者是对立的，一个会弯曲手臂，另一个会把它拉直、延伸。由于这两块肌肉都是有弹性的，而且总是处于紧张状态，所以活动的器官总是处于微妙的平衡状态。对屈肌的轻微刺激会使手臂平直向上，而对伸肌的轻微刺激也会使手臂平直。有研究表明，每当运动冲动作用于屈肌引起其收缩时，伸肌也会受到神经冲动的作用，使其伸长或放松。同样，当伸肌收缩时，屈肌放松。因此，关节周围的肌肉被分成两组，一组放松，另一组收缩。

肌肉因神经冲动通过自己的运动神经而收缩。然而，肌肉本身是易受刺激的，但肌肉活动是由工作中的纤维数量而不是由刺激的强度决定的。

消化器官。——消化道大体分为口、咽、食道、胃、小肠和大肠。其肌肉组织主要存在于食道的下部以及整个胃、大、小肠。

大脑和脊髓的几个传出神经分布在由平滑肌控制的内脏器官中。从这些神经丛中产生的神经节后神经元控制着膀胱、性器官以及肠道的收缩和扩张。

肠道肌肉在受到少量刺激时，尤其是受到化学刺激时，其张力会迅速增加，并能在轻微发热的情况下抵抗明显的阻力。在适当的刺激条件下，它们表现出有节奏的活动。这可以在饥饿收缩、输尿管和膀胱中看到。

腺体及其活动。——腺体对动物的生存至关重要，因为它们在食物的消化、生长和代谢（分泌）的控制和调节中起着主要的作用。它们的分泌物被直接吸收到血液中，并被其他身体组织所吸收。而体内的每个细胞必须从血液和淋巴吸收营养物质，并释放自己的废物。

唾液腺。——目前已发现的表现出这种影响（条件反射）的主要腺体是胃部的腺体和口腔内的三对腺体——腮腺、舌下腺和颚腺。它们共同制造和分泌一种叫做唾液的液体，这种液体通过导管直接进入口腔。唾液是食物接触的第一种消化液。这些腺体由几种类型的分泌细胞（上皮细胞）组成。腺体内除了分泌细胞外，还含有血管、结缔组织、平滑肌组织和神经末梢。神经供应很复杂。运动神经元实际上止于腺体，属于节后神经，但节前纤维同时属于自主神经系统（胸腰自主神经系统和颅骶自主神经系统）。也有髓质传入末梢（小脑-脊髓）。当食物物质接触到口腔黏膜时，腺体通常会反射（正常的反射）。除此之外，它们似乎还有其他的功能。比如，条件反射可以通过鼻子、眼睛、耳朵等被唤起。这证明了确切的反射弧控制着腺体的活动。这可以通过切断颅前神经节纤维（舌神经或鼓室弦）和电刺激周围残端更清楚地显示出来。

胃的腺体。——食物经过唾液的润湿后被咽下，然后被胃里的腺体作用。胃的黏膜作为一个整体包含了分泌上皮细胞，这些细胞聚集成小腺体分布在整个黏膜上。如果检查整个胃黏膜，可以看到肉眼可见的微小凹陷，即所谓的胃小凹。这些是腺体的开口。消化细胞只存在于胃幽门部位的腺体中。

胰腺。——食物离开胃进入小肠。小肠的上10英寸①被称为十二指肠。在十二指肠中，消化道的内容物受到来自胰腺的分泌物的作用。胰总管（十二指肠管）与胆总管直接通入十二指肠。胰腺是一个类似于唾液腺的复合式管状腺。整个腺体又长又不规则。它长12～13厘米，重量66～102克。腺体神经控制，其节后神经纤维直接来自神经丛。胰腺提供了一种抑制糖胞溶解的内部分泌。这可能通过条件作用，在情绪反应中起着重要的作用（在某些情绪反应后导致疲惫）。

肝脏。——在消化道的内容物受到胰腺作用的同时，它们也受到来自肝脏的分泌物的作用。从胰腺到肝脏的胆管开口是很常见的。这个腺体是一个巨大的结构，重量接近1600克。肝脏是生理学家最尊重的器官，这似乎是一个非常复杂的化学操作实验室。胆汁储存在胆囊中，然后注入十二指肠，胆汁的制备可能只是一个次要的功能。甘-胶质后神经末梢位于肝脏，可能也有传入神经纤维，属于脑脊液系统。食物在胃中的存在激活了胆汁的形成。

人在吃一顿蛋白质餐30分钟后，胆汁分泌明显增加，4小时后达到最高值。吃一顿脂肪餐同样会产生胆汁。碳水化合物只产生少量的分泌物。肝脏因血流量增加而分泌胆汁，但血流减少后，胆汁的分泌也会停止。

与肝脏有关的最有趣的现象，是它能把糖转化成糖原并储存起来以备不时之需。

肾脏。——肾脏和皮肤是排泄器官。肾脏的主要功能是清除血液中的代谢产物。它的排泄活动必然与血液的组成密切相关。关于肾脏

---

① 1英寸=2.54厘米。

分泌尿液的形成有两种理论。人们认为：①尿液是由简单的过滤和扩散的物理过程形成的，因为肾脏（肾小球）中的某些结构似乎是这一过程的有利器官。该理论认为，水是通过它们从血液中过滤出来的，同时携带着无机盐和分泌物中的特殊元素（尿素等）。②水和无机盐是通过肾小球的过滤而产生的，而尿素和相关物质是通过肾曲管中某些上皮细胞的活动而排出的。生理学家在这些观点上有分歧，尽管大多数人似乎支持第二种观点。肾脏接受丰富的神经纤维供应，但它们的反射功能和连接尚不清楚。有证据表明，尿液的分泌是通过化学刺激（激素）来控制的。

尿液的结构非常复杂，它连续不断地分泌，并通过输尿管输送到膀胱，因排尿而不时从膀胱经尿道排出。

皮肤。——皮肤的排泄腺是汗腺和皮脂腺，前者在手掌和脚底尤为丰富。整个皮肤表面大约有200万个汗腺。分泌细胞位于皮肤的深层组织中。导管由平滑肌细胞组成。它打开皮肤表面的毛孔。24小时内排出的平均汗液量可达2~3升。向汗腺输送的分泌纤维的存在已被明确证实（神经节后神经元）。

皮脂腺位于与毛发相关的皮肤表面。它们分泌一种油性半液体物质。据推测，这种分泌物的作用是保护头发不会变得太脆弱，也不会太容易渗透水分。由于它们的作用，皮肤会变得润滑，从而防止热量的不适当损失而使汗水蒸发。类似的腺体也存在于性器官中。

无导管腺体越来越成为生理学实验的对象，所取得的许多结果有助于揭示行为方面的问题。这个领域与客观心理学最密切的联系是在情绪行为领域。

对情感的研究在心理学上一直是落后的，这主要是因为心理学家无法想象情感。观察表明，只要中枢神经系统的有组织的反射通路正常运作，人类有机体的活动方式并不总是一成不变的。人们在日常工作中，以一种俚语的方式，带着各种各样的被称为"激励"的东西，以及被科学家推测地称为"驱动力"的东西。"干劲"并不是一个令人满意的词，因为它似乎是给来自外界的有机体增加了某种东西，而"干劲"这个词只属于有机体。通过观察可以得到的主要事实似乎围绕着以下几点：①人类有时似乎会比其他时候以更高的精力工作；②有时，个人工作的持久性远远超出通常表现出来的；③个体完全不能完成自己的日常工作，执行自己固定的习惯；我们说他兴奋、轻浮，或者沮丧。这些并不是各种情绪类型或状态的表征。人们认为，对内分泌腺的研究可能有助于我们了解这些因素。

内分泌腺或无导管腺。——内分泌腺不同于导管腺，因为它们没有外输出口。由无导管腺体分泌的活性物质被称为激素。然而，许多激素抑制作用，所以人们喜欢用不同的术语。比如，"荷尔蒙"一词，实际上是指身体某个部位的细胞产生的任何物质，通过血液流向更远的部位。有许多激素不是由无导管腺分泌的，如水、尿素、葡萄糖和无机盐。因此，此时用"荷尔蒙"并不准确。

主要内分泌腺。——内分泌腺可分为五个主要部分：主要包括脑垂体、甲状腺、胸腺、松果体和肾上腺等。它们所分泌的激素对机体各器官的生长发育、机能活动、新陈代谢起着调节作用。

甲状腺。——甲状腺由位于喉部和气管两侧的两个甲状腺叶，以及两侧的上、下甲状旁腺组成。上甲状旁腺与甲状腺密切接触，有时嵌入其中。下甲状旁腺可能位于接触点（腹侧），或被移至较远或较近的距离。有时可存在数量很少的副甲状腺。甲状腺是由封闭的小泡组成的器官，每个囊泡都排列着上皮细胞。囊泡通常充满黏性液体"胶体"。甲状腺血管众多，是人体最具血管性的器官之一。腺体由交感神经（胸腰椎神经）和迷走神经（前神经胶质神经）支配。神经既分布于血管，又直接分布于分泌细胞（上皮）。

甲状旁腺非常小，大约6毫米长，3到4毫米宽。每个甲状旁腺是一团上皮样细胞。它们排列成股状，有许多毛细血管。这些腺体含有一些普通的肌肉纤维。小泡也含有胶体物质。神经支配与甲状腺相同，神经末梢位于细胞和血管上。

切除甲状旁腺的效果是，如果四个小的甲状旁腺被切除，动物通常在几天内或最多几周内死亡。最初一两天，唯一的症状就是没胃口。随后，反射变得强烈，出现痉挛样的收缩，体温会上升2到3度。阵发性发作伴有快速的喘息，有时伴有呕吐和腹泻。

研究发现，甲状旁腺抽提物的注射可部分缓解甲状旁腺摘除的不良影响。当甲状腺被切除而甲状旁腺完好无损时，我们将看到相反的情况。

切除甲状腺时，必须保留至少两个甲状旁腺完整。甲状腺切除、该器官的自发性萎缩的结果在年轻动物身上最明显。会出现以下症状：全身，特别是骨骼的生长停止；生殖器官发育迟缓；皮肤肿胀、干燥，头发稀疏；年轻人脸部苍白，浮肿，腹部肿胀；横隔仍然开放；常见的聋哑症；大脑皮层细胞的发育受阻，这是典型的克汀症。成人甲状腺萎缩也有类似的表现。皮肤有增厚和肿胀，皮肤干燥，头发脱落，体温低，感觉迟钝，行为水平低，新陈代谢减少；随着性功能的减弱，脂肪大量沉积，对糖的耐受性增强。当甲状腺肿瘤（破坏分泌细胞的肿瘤）被切除时，可能产生黏液水肿。这被称为术后黏液水肿（恶病质）。这可能会在手术后几天、几个月甚至几年里显现出来。除非切除了甲状旁腺，否则不会出现手足口病的症状。

有趣的是，上述症状，无论是由于萎缩还是手术切除腺体，都可能通过皮下注射或口服甲状腺物质而消失或减轻。人可以完全恢复健康，并保持正常食用甲状腺物质。如果不治疗，症状又会出现。

突发性甲状腺肿在女性中比在男性中更常见，这可能与女性在青春期和怀孕期间腺体增大有关。

肾上腺。——肾上腺与肾脏紧密相连，由两部分组成：①皮质②髓质。人的髓质在解剖学上是连在一起的，但有些动物的髓质却是完全连在一起的。

肾上腺富含神经和血管，这些腺体的血供比身体任何其他器官的血供都多（脑下垂体除外）。神经供应也很丰富，不少于33个小束接近它（神经节后神经元来自腹腔、膈神经丛和肾丛，来自内脏）。神经进入肾上腺皮质，供应血管和分泌细胞，但绝大多数进入肾上腺髓质。

关于大脑皮层的功能，我们所知甚少。它可能部分地准备了髓质起作用的材料。一些性器官的发育与肾上腺皮质之间存在着密切的联系。

肾上腺髓质的功能。——动物的两个腺体都被切除会死亡。开始时几乎没有什么干扰，但几天后，动物变得活跃起来，并开始表现出肌肉无力和不协调的迹象。体温下降，虚弱至极，脉搏无力，血压低。由于死亡总是在肾上腺切除后发生，所以即使在病理情况下也不需要进行实验性手术。阿狄森氏病似乎是由于肾上腺（通常是结节性的）变性引起的。这种疾病的特征是全身无力，骨骼、血管和内脏肌肉组织的张力丧失。

到目前为止，已经发现，在阿狄森氏病中，或在肾上腺素已被摘除的动物身上，用肾上腺液给药是不可能获得有益的结果的。似乎没有什么能代替腺体的内分泌。也没有人发现移植的肾上腺可以生长。

给予肾上腺提取物，最显著的影响是由于周围动脉收缩而引起的血压明显升高。心脏的活动也减慢了。肾上腺素对无线性的肌肉组织中的交感神经末梢有直接影响，尤其引起周围静脉的紧张收缩和心脏附近上腔静脉的有节奏的收缩。其他由交感神经纤维供应的无线性肌肉组织也受到影响：脾脏、阴道、子宫、输精管和牵开器阴茎收缩，而肠子、胃、食道和胆囊受到抑制。唾液分泌增多。骨骼肌的兴奋性增强。

性腺与肾上腺之间关系密切。怀孕期间，整个腺体都会扩大，尤其是皮层部分。胆汁的分泌因肾上腺素的分泌而增加。切除肾上腺会影响胰腺，产生胰液流。如果注射肾上腺素，这种流动就会停止。

脑垂体。——脑垂体是一个小器官，重量不到半克。它位于大脑的底部，就在视交叉的后面。它与第三脑室的底部由一个中空的柄连接，即漏斗部。整个结构显示在大脑的腹侧表面，分为前部和后部分。前部有丰富的血管供应，比肾上腺血管更多。两个叶有不同的胚胎学历史。大的前叶是由颊外胚层内陷形成的。它是一个真正的腺状结构。后叶的一部分具有相同的起源，另一部分（神经部）实际上是从第三脑室底部生长出来的。

人们认为糖原是身体所需的大量碳水化合物的临时储备供应。在消化过程中，碳水化合物以葡萄糖和半乳糖的形式进入血液（门脉系统）。如果这些物质不加改变直接通过肝脏，肾脏就会分泌出过量的糖分，但假设，当这些富含糖分的血液流经肝脏时，多余的糖分就会被肝细胞提取出来。它是脱水的，以糖原的形式存在。在神经或肾上腺素的作用下，糖原被重新转化为葡萄糖，然后被血液带到任何需要的地方。这种储存的糖原转化为糖的过程称为糖原分解。因此，我们的肝脏中有大量的食物，可以很容易地转化和迅速地利用。

当从后叶提取的物质被注射到血液循环中时,心率会减慢,血压会升高。

切除整个脑垂体,动物会在几天内死亡。体温下降,步态不稳,迅速消瘦和腹泻。但只有前叶被切除时才会发生这种情况,仅切除后叶不一定致命。临床观察表明,腺体过度活跃时,主要表现为巨人症,患者的骨骼会生长得很大。如果这种情况发生在成人身上,面部和四肢的骨骼会有严重的肿大(肢端肥大症)。当由于病理原因导致分泌物减少时,就会出现肥胖和性幼稚。巨人症是由于前叶过于活跃;肥胖和性幼稚由于后叶分泌不足。因此,前叶刺激骨骼生长和结缔组织,后叶刺激其他腺体的分泌活动,加速糖原向糖的转化,并对生殖器官起到调节作用。

松果体和胸腺。——松果体是大脑的结构之一。它位于脑干的后部,正好在四叉神经体的前方。它是一种可能在人的一生中都会发挥作用的腺状结构。

对于儿童来说,如果这个腺体的功能受到干扰,生殖器官就会迅速发育、早熟,骨骼的生长也会加快。位于颈部甲状腺附近的胸腺是另一个对儿童时期非常重要的腺体。尽管它像松果体一样,可能在一生中都会发挥作用,但它的重量和大小会增加,直到青春期结束,然后逐渐变小。

性腺是一种内分泌器官。生殖器官,即性腺,既提供有助于繁殖的外分泌,也提供内分泌。外分泌是由真生殖细胞或性腺产生的。内分泌是由所谓的间质细胞(有时称为"青春期腺")产生的。

来自间质细胞的激素对身体发育有显著的影响,这可以从男性在青春期前性腺完全切除后的生长变化中看出:他会长得相当高,喉不能发育,嗓音保持童声女高音,皮肤颜色很差,脂肪层堆积,乳房增大，没有胡子。他们接近"中性"的类型。这些变化是由于青春期腺体分泌激素不足导致的。

这样的人总是被社会抛弃，即使在没有社会歧视的情况下，缺乏以性活动为基础的习惯也会使他们与一般男性有所不同。

动物实验似乎证实了这样一个事实：如果女性的卵巢在青春期之前被摘除，那么缺乏卵巢分泌的激素，会使女性倾向于男性化。例如，如果从鸭子和野鸡身上摘除卵巢，它们就会出现假定的雄性羽毛。

在成人（包括男性和女性）中，来自青春期腺体的激素似乎主要负责性活力和性侵犯，以及身体所有其他腺体系统的活力。

多年来，人类的梦想一直是找到永恒的青春。斯坦纳赫已经表明，即使进入了老年期，也有可能增加青春期腺体的分泌。输精管溶解联合输精管切除术导致产生外分泌的精子细胞（生殖细胞）萎缩，最终消失。然而，间质细胞（青春期腺体）不仅在手术后不会萎缩，而且数量和大小可能会增加。性激素的增加刺激了患者的整个内分泌系统，产生了临床效果，从"内分泌补给"到几乎是真正的"恢复活力"。

手术的效果在六个月内可能不会完全显现。由于所有这些行动都是最近进行的，因此可以继续改善的时间尚未确定。

这种手术是在有迹象表明性腺系统缺乏活跃功能时进行的，在衰老和过早衰老中都是如此。值得注意的是，虽然接受这种手术的个体缺乏外部精子的分泌，但是性反射在其他方面相当正常（肿胀、高潮等）。

睾丸移植的方法。——巴黎的塞尔日·沃罗诺夫博士发明了一种完全不同的为人体提供性腺激素的方法。他在年老的动物身上移植同一种年轻而有活力的动物的全部或部分睾丸。这种睾丸移植物可以移植到皮肤下，也可以在腹膜内移植到身体的任何部位。他使用了适当的技术嫁接，然而，移植物常常被排出或重新吸收。当移植物存活并开始发挥作用时，间质细胞（青春期腺）开始为血液提供它们特有的荷尔蒙（需要注意的是，在这样的移植物中，精子细胞很快就消失了）。

以下是沃罗诺夫在动物身上的实验，非常有启发性：

在另一项实验中，一只12岁左右的公羊（这只公羊大约相当于人类的80岁）被植入了一个年轻公羊的睾丸碎片。移植成功两个月后，动物就出现了彻底的变化，他的小便失禁和双腿颤抖的情况都消失了，看上去不再害怕。他的身体仪态变得不一样起来，他的举止活泼而又咄咄逼人。这只年老的公羊呈现出非凡的青春和活力。年老的动物，像年迈的人类一样，有时仍然拥有完全活跃的精子，但正是内部神秘腺体的萎缩阻止了它们体验性欲以及显示出阳刚之气。

在本章和前一章中，我们已经介绍了有机体的各个部分及其功能。需要注意的是，各个部分很少以独立的方式工作。任何强到足以到达中枢神经系统运动侧的刺激不仅会引起狭窄的反射和相关的活动（阶段性反应），而且还会在整个机体内引起广泛的变化。

生理学研究部分反应，而心理学研究整个有机体的调整。进行这些生理学研究是为了更好地理解整个有机体的含义。接下来的研究将涉及整个肌体的合作活动。

第六章
未习得行为:"情绪"

导言。——人类行为作为一个整体，可以分为遗传的反应模式（情感和本能）和后天的反应模式（习惯）。从常识和实验室实验的观点来看，很明显，遗传的和后天的活动形式在生命早期就开始重叠。情绪反应与最初的刺激完全分离，儿童表现出的本能的积极反应倾向很快就被成年人有组织的习惯所覆盖。活动的这种掩蔽或吻合的过程是组织的一般过程的一部分。因此，遗传反应模式和获得性反应模式之间的分离不可能是绝对的。

幸运的是，在大多数的联系中，心理学并没有被用来对遗传反应和后天反应做出明显的区分。然而，在进行实验室研究时，我们有时有必要研究遗传反应的细节。我们发现，在这种情况下，暂时过分强调分离的明确是比较简单的。这在科学上无疑是一种合理的程序模式。很少有生物问题允许任何其他治疗。为了做到这一点，采用遗传学方法。我们从一个人的婴儿期开始（在不会伤害到母亲和儿童的情况下），追踪他的成长过程，注意第一个自然的反应，他们的课程和影响孩子的整个人格的塑造，以及获得性反应模式的早期开端。实际上，研究应该从子宫内开始，可能有的遗传的行为模式（特定类型的反射）在子宫内就已完成整个过程。

什么是情绪。——在情感心理学中，很难给出确切的定义，但可以给出公式。以下适合于部分情绪反应的表述：情绪是一种遗传的

"模式反应"，涉及整个身体机制的深刻变化，特别是内脏和腺体系统的变化。我们所说的模式反应是指，每次刺激出现时，反应的各个细节都以某种恒定、规律性和大致相同的顺序出现。很明显，如果这个公式要符合事实，有机体的一般条件必须是刺激可以产生它的效果。一个孩子在暴风雨的夜晚独自待在一所房子里，只有一支微弱的蜡烛在燃烧，这时，猫头鹰发出的凄厉叫声可能会引发恐惧的反应。如果父母在附近，房间里光线充足，刺激可能不会引发反应。在这个意义上，刺激不仅广泛地用于令人兴奋的物体，而且也用于一般的设置。这也暗示了一个事实，即生物体的总体状态必须符合当前这种形式的刺激敏感（能够被刺激）。这个条件非常重要。年轻男子在未婚状态下，可能对每一位女性的甜言蜜语都极为敏感，而且可能会表现出极大的兴奋。但如果是在幸福的婚姻中，他会对此变得不那么敏感——刺激物只有在具有模式反应时才会是一种情绪刺激。

也许可以从动物生活中选择一个例子来说明。一位博物学家无意间发现了一只不到四天大的黑燕鸥，它一动不动地躺在那里，无论是被迅速移动、推来推去，还是被翻过身去，它都没有任何明显的反应。然而，入侵者一走开，雏鸟就会跳起来逃跑，或者发出本能的叫声。这就是明显可见的模式，其实很简单，它是在假装成死亡的样子。这样的反应在动物界很常见。骨骼肌组织常常参与这种模式。

区分情绪反应和本能反应的一种有用的方法，是在情绪的形成过程中加入一个因素，这个因素可以表述为：情绪刺激的冲击使机体暂时进入一种混乱的状态。当受试者处于情绪状态的第一次冲击时，他几乎不去调整环境中的物体。与此相反的是我们将在后面看到的本能。出于本能的主体通常会做某事：举手防御，眨眼或低下头；跑开；咬、抓、踢，抓取手碰到的任何东西。用最通俗的术语来表达，大致如下：当刺激所引起的调整是内在的，并且局限于主体的身体时，我们就有了情感，例如，脸红；当刺激导致机体作为一个整体对物体的调整时，我们有本能，如防御反应、抓取等。感情很少是单独出现的，刺激通常同时唤起情感本能和习惯因素。

以上表述只适用于刻板的情感反应形式，例如，在通常被称为脸红、愤怒、恐惧和羞耻的状态中。

一个人在某一时刻可能比平时表现出更多的能量，例如，在洗冷水澡期间和之后，可以称之为兴奋水平。有时他的工作水平比正常水平要低，例如，在遇到麻烦时，在金钱损失或生病后，可以称之为抑郁水平。

在成年人中，环境因素导致了原始情绪模式类型的更多外部特征的部分抑制。情绪激动的时候会释放重要的内部分泌物，这些分泌物不会引发新的（部分）反应，只会加强或抑制那些正在进行的反应。只有在极少数情况下，才会看到水平的变化。通常，当这些变化发生时，某些辅助或附加的部分反应就会出现，比如我们看到的在工作时吹口哨、与脚同步、敲桌子、咬指甲。

不幸的是，就心理学这一学科而言，很少有人能在如此有利的条件下对儿童的情感生活进行实验。如今，已有实验室证明从婴儿出生开始就对其进行遗传反应研究是可行的。但这项工作受到了限制，因为在产科病房中无法对母亲和儿童进行多年的密切观察，而这对真正系统的工作是必不可少的。

情感反应。——在观察了一些婴儿，特别是在生命的最初几个月里，我们提出了下列属于人类原始和基本本性的情感反应：恐惧、愤怒和爱（使用爱的意义与弗洛伊德使用性的意义大致相同）。

恐惧。——什么刺激会引起恐惧反应？这些反应是什么？什么时候会引发哭闹？做出恐惧反应的主要情况如下：①婴儿突然被举起；②大声喧哗；③有时，当婴儿刚要入睡或刚要醒来时，突然的推或轻微的摇晃是足够的刺激；④当婴儿刚入睡时，偶尔突然拉一下其盖着的毯子，会引起恐惧反应。以上③和④的反应可以看作是属于第①项。反应为，突然屏住呼吸，用手随机抓握（抓握反射总是在孩子被扔下时出现），突然闭上眼睑，撅起嘴唇，然后哭泣；大一点的孩子可能会逃跑和躲藏（我们还没有观察到这种"原始"反应）。关于恐惧反应首次出现的年龄，我们可以肯定地说，上述反应在出生时就出现了。人们常说，孩子们在黑暗中本能地感到害怕。比如，当这种对黑暗的反应确实出现时，它们是由于其他原因造成的；黑暗与非习惯性的刺激、噪音等联系在一起引起条件性恐惧反应。从远古时代起，孩子们就在黑暗中受到"惊吓"，这要么是无意的，要么是作为控制他们的一种手段。

愤怒。——最初是在什么情况下，产生了愤怒情绪？观察表明，除了所有的训练外，婴儿动作的障碍是产生以愤怒为特征的动作的因素。如果抱着他的脸或头，就会导致其哭闹，紧接着就是尖叫、身体僵硬，如果手和胳膊的动作协调得很好，脚和腿向上和向下拉，屏住呼吸，直到孩子的脸变红。在大一点的孩子中，胳膊和腿的挥砍动作协调得更好，表现为踢、打、推等动作。这些反应一直持续到令人恼火的情况得到缓解。几乎所有刚出生的孩子，如果将他的双臂紧紧地抱在身体两侧，他都会暴跳如雷；有时，即使只是肘关节被手指紧紧夹住，反应也会出现；有时只是把头部放在棉垫之间就会产生这种效果。

爱。——唤起可见的爱的反应的最初的情况是抚摸或操纵一些性感地带，比如，挠痒痒、摇晃、温柔地摇动、轻拍、翻转俯卧在妈妈的膝盖上。如果这之前，婴儿在哭，那他会立即停止哭，可能还会回报一个微笑，试图咯咯笑。稍大一点的孩子，会打开双臂，我们把它视作拥抱成人的意图。

情感活动的研究方法。——情感反应包括显性和隐性成分，即涉及骨骼肌、内脏系统、平滑肌和腺体。然而，很可能的是，如果刺激的强度足够大——大到足以产生"震撼"——或者持续足够长的时间，孩子就会越来越倾向于表现出像小燕鸥那样的纯动物性存在。在愤怒中，孩子会变得很僵硬，长时间地屏住呼吸，因此常常需要抚慰。

遗传方法。——如果有可能在一个孩子更长的生命中继续这样的实验，如果能更接近于他的日常生活活动，也许我们可以扩展这个列表。人们意识到，我们正在这里与人类物种中非常年轻的成员一起工作。两百天后，大量的组织和开发工作就开始了。一些非常复杂的情况还没有面对：如手淫（尤其是男孩，青春期后的第一次手淫）；女孩的第一次月经；与家庭生活有关的复杂情况，如父母之间的争吵；体罚和亲人的死亡。所有这些都是第一次必须面对的。

观察这些确实与情绪反应有关，无论是原始的还是移植的，都没有出现在我们的研究中。尤其值得研究的是，我们现在在这方面用羞耻、害羞和尴尬的名称来指定的反应状态。大多数被断言的情绪是一种综合类型（即情绪加上本能，加上习惯）或情绪态度。

遗传方法有其局限性。只要我们能不断地观察婴儿，在情绪的研究中就能获得大量的简化，但人类婴儿是社会群体的一部分，迟早要回归到社会群体中去。社会，当然也包括父母和家庭群体，对于情绪反应失败、错误的情绪反应以及过度或不足的反应，会自行纠正。通常，主要由于不良的环境，导致情绪出错。精神病理学家必须研究个体的情感生活。人们越来越重视所谓的情感气质。因此，应用心理学家必须使用一些方法来研究成年人的情感活动。

其他方法。——在遗传方法不适用的情况下可以使用其他的方法。

内隐情绪反应检测。情绪反应模式中明确的部分通常是最不重要的组成。在对罪犯、精神障碍和正常人的研究中，通常所有的显性情绪表现都消失了。令人兴奋的情况是复杂的。一方面，它抑制了明显的声音反应，但引发了一系列（发自内心的）隐性活动。在这种情况下，有几种方法可以用来检测情绪的隐含方面。

（1）单词反应法。要求受试者用一个词对给定的视觉或听觉词汇刺激做出反应。刺激词是在考试前编出来的，有些词是中性词，其他的是指情感状况的"有意义"的词。从受试者身上获得的隐含反应或紧张的指标是过度的长时间反应（偶尔出现明显的形式，如咯咯笑、垂下眼睛、脸红）；有意义的回应词，表明刺激词是情感环境的一部分；重复同一个单词；太快速反应；低水平的反应；反应失败（此方法有几种变体）。

（2）连续型。受试者开始选择一个单词，可能是一个梦的片段，并被告知"当单词出现的时候说出来"，然后开始测试。有一段时间，这些话脱口而出，然后又说不出来，有堵塞。新的相关线路开始运行。然而，在受到干扰的情况下，所有的线路似乎都会发生堵塞，这是迟早的事，无论开始时是什么情况。障碍似乎发生在与情感刺激对象相关的词语属于相关的一连串词语的地方。

（3）梦的研究和分析往往揭示了情绪紧张。它们可以用常识性的方法来研究，即从不同角度来询问病人。梦是一个人所有反应的一部分。它们和他的其他活动一样，是他性格的本质、压力、紧张和情感生活的良好指标。通过观察一个人的日常活动来判断他的情绪水平时,必须考虑到睡眠和其梦境活动。它们是相互关联的活动。由于梦的语言极具象征意义,因此对梦的研究需要在这一领域受过专门训练的人来进行。

(4)字词或笔误、调整不当、上下反应、身体姿势和态度的研究。这些可以通过一般的观察和研究梦的方法来研究。

在使用这些方法时,心理学家主要从方法学的角度,即通过确定适用范围、可靠性、最佳技术等来研究。精神病理学家将它们用于实际目的。人格的重塑和再平衡通常取决于与某种情绪有关的情况的发现,或者取决于是否存在一种正常情况下应该存在的情绪。他会使用以上所有的方法,加上他的常识,结合了这一切与一般观察病人的整个性格。在收集资料时,往往需要询问病人生活史中的重大事件;他做事情的倾向(积极和消极的反应倾向);他读过的书,它们对他的影响;现实生活或戏剧生活中对他影响最大的情境类型;他的主要情感资产;让他情绪激动起来的最简单的方法;他的白日梦的趋势和他建造的空中楼阁的类型;他的主要敏感路线是什么;他的冲突和诱惑,以及他自己面对这些困难的方式。

除上述方法外,其他方法也正在开发中。

(5)当有理由推断刺激并非没有意义时,测定刺激出现前后血液或尿液中糖含量的增加。

(6)伍德沃斯的情感问题和各种性格分析概述。受试者回答"是"或"不是"等一系列问题,如:你被认为是一个坏男孩吗?你在其他男孩面前害羞吗?你知道有人想伤害你吗?你曾经向女孩表白过吗?你有过严重的精神休克吗?当你不得不穿过宽阔的街道或广场时,你会感到不安吗?你有没有强烈的想要偷东西的欲望?你有咬指甲的习惯吗?你的感情是否总是毫无缘由地从快乐到悲伤,从悲伤到快乐？你曾经害怕发疯吗？如果有不稳定的情绪气质，事实应该是揭示性质的答案。

条件性的恐惧很容易在家庭中滋长。一个孩子在没有灯光、没有恐惧的情况下睡了多年，他可能会习惯于黑暗中砰砰的门声或突然的雷声。我们可以很容易地解释，为什么突然的闪电会让你紧张不安，通常是在雷声响起之前，你会用手捂住耳朵。

在转移的情感反应中，我们会找到一个原因，来解释儿童甚至可能是成年人的性格为何会发生广泛变化。它解释了许多不合理的恐惧，也解释了个人对事物的敏感性，而这些事物在那个人过去的历史中并没有为这种行为提供足够的理由。我们无须进一步强调这一因素在塑造儿童生活方面的重要性。

对应用心理学家来说，最重要的问题是"如何消除这些条件性的恐惧、愤怒和爱的反应"，有条件的爱的反应可能比恐惧和发脾气更严重，因为它们不仅被社会所容忍，甚至还被社会所鼓励。在我们看来，条件性的爱的反应，尤其是对父母的爱的反应，在父母这样做的过程中引发了对父母的过度依赖，可能是整个人类组织系统中最险恶的因素。即使精神分析可以改变个体的状况，那也太迟了——这些依恋从婴儿期开始，一直持续到青少年时期，阻碍了其他方面的组织。拥有某些幼稚习惯的成年人要及时地学会如何消除这些条件性情绪反应。情感调节对社会的重要性不亚于医学。但是，除非父母们反过来接受了抚养孩子的训练，否则，重新适应环境将是一个不彻底的过程。父母可以比行为主义者更快地为无助的孩子建立新的纠葛。

总的来说，当一个情绪激动的物体与一个情绪不激动的物体同时刺激主体时，后者（通常是在一个这样的联合刺激之后）可能及时地引起与前者相同的情绪反应。很可能，第二、第三和随后的命令的条件反射也在不断地出现。在这个过程中，反应模式可能在很大程度上被打破。爱、愤怒和恐惧的部分反应可能全部出现在对这种替代刺激的反应中。

除了这种毫无疑问属于条件反射范畴的突然的替代之外，还有对人、地、物的"依恋"和"分离"，这些都是习惯联系的缓慢过程所带来的。它们的起源可能与刚才考虑的类型没有区别，除了它们的形成需要增加时间长度。

情感上的网点：扩散。——当情感表达在某个区域受阻时，似乎只能在其他地方找到出路。举个例子：一个人被一个比他个子高的人侮辱，或者被一个比他年长的人侮辱，或者被一个比他年轻的人侮辱，或者被一个每天从他那里得到面包的人侮辱。他的本能和习惯会产生冲突，这相当于一场激烈的口头反驳。但是整体情况中的其他特征（他更大、更老、更年轻等）抑制了这些出口。然而，这种情绪压力已经被激起。他可能会去他的办公室，解雇他的秘书或勤杂员，或者恐吓他的速记员。在这种情况下，一个人的家庭往往受害最深。如果这个人是个男人，那他的妻子会出现情绪激化，孩子们容易受到伤害。然而，发泄的方式并不总是严厉的话语或打击。如果这种情绪带有恐惧或愤怒的成分，那么殴打或严厉的言语是最常见的。如果被挫败的情感属于爱的类型，那么最后的发泄方式可能是说一些善意的话，或者向对方提供好处，而不是向大声叫喊的人求助，这样就会破坏爱的情感。如果这种挫败感是由所爱之人的死亡引起的，那么它的出口可能是悲伤或自杀。

人类生活充满了这样的出口。如果社会作为一个整体施加了太多的限制（愤怒），而受到挫折的个人没有很好地平衡，出路可能是通过破坏。在平衡的个体中，它可能通过咒骂或私下抱怨社会的限制来发泄。

在某些人身上，无论是由于体质差，还是由于他们所处环境的狭窄或限制，似乎没有任何外在的出路。情感的宣泄以某种态度的形式表现出来；通过退出或减少与他人的接触；酗酒或吸毒；在沉思、白日梦和空中楼阁中——也就是说，有语言的出口。

使所有这些行为合理化的观点似乎是，通过这样的反应，个体可以得到放松和从情绪压力中解脱出来。也就是我们通常所说的"平息"情绪，即"一个人的愤怒被这个或那个冷却"。研究这些不同的途径，当它们呈现出病理的形式，并干扰个体的剩余行为或社会对每个个体所要求的那些有组织的功能，以及对这些个体的重塑，属于精神病学的范畴。

情感、本能、习惯的统一。——在情感活动、本能活动和习惯活动之间存在着组合或整合。在人类中，令人兴奋的刺激通常是一种妨碍、推搡、拥挤或限制个人的刺激——使人发怒的刺激。本能的因素是伸出手臂和手，攻击对方。防御性的动作也会出于本能。整个群体是完整的，部分反应共同起作用。个体成为一个战斗防御、统一行动的群体。但许多情感、本能和习惯的行动倾向都受到社会因素的制约。接下来的重点又回到了动作的隐含情感部分。

其中，以愤怒为情感构成，以袭防运动为本能，以训练活动为习惯。也许所有其他形式的情感——那些天然的或更基本的类型，如爱和恐惧，以及通过替换得到的分裂、结合和合并的类型——都表现出了上面所示的组合类型。这种本能因素可能不是很明显，但总的来说是存在的。它表现为退缩、顺从和逃避——有时表现为整个身体，有时表现为嘴唇或眼睛等特殊器官。习惯因素在成年人的语言行为中表现得尤为明显，如急于表示同意、避免争论、说话吞吞吐吐。

在爱情的领域里，人们的态度是多种多样的，例如"相思""温柔""同情"等。更基本和突出的态度是"害羞""羞耻""尴尬""嫉妒""嫉妒""憎恨""骄傲""怀疑""怨恨""痛苦"和"焦虑"。在所有这些态度中，有许多情感习惯和本能因素的组合。它们实际上是通过限制人对刺激的敏感范围来起作用的。对个人来说，它们是性格的基本属性，就像他的胳膊、腿或他解决新问题的方法一样，是他的一部分。

情绪生理学研究

导管腺和平滑肌。——人类或动物在饥饿的刺激下（腹部肌肉有节奏地收缩），食品在视觉或嗅觉上都能刺激分泌反应的发生。

在情绪刺激的影响下，这些部分的活动往往被阻断。胃平滑肌的分泌和运动现象的这一方面无疑是情绪生理学研究的一部分。许多观察者已经表明，情绪激动的情况确实会检查腺体的功能。如果一个患有胃瘘的孩子被告知有食物，然后被纠缠不休，先是把食物递给他，然后把食物拿走，再让从视线中消失，哭泣和其他情绪状态的明确迹象就会出现。狗也有类似的情况，如果把它们放在陌生的环境中，或者把它们拴在笼子里，或者最后找来它们的天敌——猫，此时它们的分泌物流动就会受到抑制。也就是说，可能因此而无法引起胃液的流动。

类似的现象也出现在胃的蠕动运动中，甚至整个消化道肌肉层的运动中。人们在恐惧和愤怒的影响下经常不消化食物（由于分泌物的检查）。

刺激对无导管腺体的影响。——很明显，情绪刺激所产生的最重要的影响之一就是肾上腺素的释放。反过来，肾上腺素又从肝脏储存的糖分中释放出来，其数量往往超过身体所能消耗的量。结果是，过量的糖进入尿液。这种现象经常发生在战斗和任何极端的情绪状况中（令人沮丧或兴奋）。坎农说，年轻的公猫被关在笼子里时，会变得非常狂乱，眼睛睁得大大的，瞳孔放大，脉搏加快，尾巴上的毛或多或少地竖立起来，咆哮着试图挣脱。每当这种兴奋状态出现时，就会出现尿糖（时间从40分钟到1.5小时不等）。当一只小狗被允许对着猫狂吠，使猫兴奋时，就会出现糖尿症状。

糖尿是血液中糖供应增加的迹象，因为只要肾脏没有受伤，糖就不能通过尿液排出，直到糖供应过量。检测尿液中的糖分是一种非常粗糙的检测刺激的情绪效应的方法。近年来，人们发现了一些非常灵敏的方法来检测血液中糖含量的增加。实验发现，犯了"罪"的人，其血糖升高的幅度更大。因此，血糖反应可以作为检测"内疚"的一种补充方法。

这个方法可能很微妙，足以判断一个人是否因为另一个人的出现而情绪激动。在动物实验中已经明确表明，如果肾上腺被移除，情绪刺激不会导致血液或尿液中糖分的增加。由此得出的结论是：通过一种反射机制产生的情绪刺激使肾上腺素得到释放，而肾上腺素反过来又作用于肝脏中糖的供应，并将其转化为一种形式，这种形式在进入血流后可被肌肉利用。

除了对肝脏的糖转化作用外，肾上腺素还与交感神经共同作用，产生血管收缩，从而使血压升高。已有研究表明，当某一肌肉处于活动状态时，其血管扩张，从而趋向于降低动脉压。这些扩张的血管会降低动脉压力，导致肌肉不能得到适当的食物，废物也堆积在肌肉里。由于肾上腺素对血管收缩神经的增强作用，它会产生更高的动脉压，从而增加肌肉的食物供应，清除废物。

肾上腺素的特殊作用。——人们普遍认为，血液中游离的肾上腺素直接作用于肌肉，从而消除疲劳。"休息一小时或更长时间后才会完成的事，肾上腺素在五分钟或更短时间内就会完成。"（坎农）这一结果是除了肾上腺素的功能，产生更多的食物供应肌肉和增加血液循环的数量。当肌肉疲劳，也就是失去了它的刺激后，在血液中注射肾上腺素（或刺激内脏神经）将迅速使肌肉恢复到休息状态。

生理学家过分强调了所有主要情绪的"适应性"特征。从坎农的工作中很容易看出，在愤怒、恐惧和疼痛的情绪刺激下，肌肉力量的增加可能有助于机体战斗或逃跑。另一方面，很难看出这种生理状态如何在调节中起到有效的作用，除非机体处于一种需要利用增加的肌肉可能性的状态。但这种情况很少见。比如，一个男人在军队里收到一封信，得知他的妻子生了一个儿子。这一消息无疑是一个强有力的刺激，兴奋发生，检查显示尿中有糖，血液中也自然增加了供给量，但他的日常露营活动碰巧对肌肉没有很大的需求。

即使在相当轻微的情绪刺激后，升高的血糖也可能持续数小时。因此会有一种休克后或后情绪状态。后情绪状态可能具有这样一种特征：①机体的调节能力较差，执行有组织活动的能力较差。作为这方面的一个例子，一个孩子的死亡可能会使母亲陷入沮丧和麻木不仁的状态，这种状态可能会持续数月之久。②后情绪状态可能具有机体处于较好的生理状态的特征；情绪刺激出现之前的活动可以在促进和强化的条件下恢复。当父母惩罚孩子时，这种情况就会发生：孩子的整个行为可能会立即得到明显的改善（但也可能出现相反的情况，孩子可能会陷入一种闷闷不乐的状态，这种状态可能会持续一段时间）。

一般来说,情绪刺激对一般活动水平的影响可能产生促进作用,也可能产生相反的作用;或者,它可能会保持这一水平不变。会发生什么结果取决于许多因素:刺激的性质、个人的性格、他的一般身体状态,等等。

情感在日常生活中的作用。——关于情感的主要事实是,人类的机体生来就以情感的方式做出反应,这些方式都是继承下来的行动模式。

在日常生活中,情绪确实存在,无论它们在生物学上总是有用,还是只在某些时候有用。就生理健康而言,它们使人们不再作为一台每天以同样方式运行的机器而存在。情绪使人的行为变得不可测。

从某种意义上说,社会的有序运转,有可能是因为人们在情感上和睦相处。爱伦·坡、德·昆西、拜伦、歌德和乔治·桑也许永远不会在一个单调乏味的状态下写出他们的杰作。另一方面,只有少数天才是在高度紧张的情绪下完成了自己伟大的作品。社会越来越多地防范强烈的情感刺激,因为能力一般的弱者甚至可能无法承受它们的影响,无论天才在它们的影响下如何茁壮成长。

情绪的实践研究和情绪反应的控制。——在这个前所未有的时代,代表着权威或控制人类发展的个人,正努力找出足够的关于情感生活的常态和异常,以帮助塑造他们下属的性格的那个阶段。个人代表权威,我们明确地指父母、医生、教师和雇主。在试图帮助他人控制情绪反应和态度之前,先检查一下自己的情绪设备似乎是最合乎逻辑的程序。对于刚开始学习心理学的人来说,研究自己的情绪反应是解决这个问题的最简单的方法。你可以随时记录自己的活动,比如记日记、最常引起情绪活动的刺激。这些活动表现出我们在恐惧、愤怒和爱中看到的更幼稚的现象,还是只是水平上的变化?它们对效率和学习有什么直接和深远的影响？当然，在这里只是把它作为他整体活动思考和计划的一部分，因为这些过程显示了语言组织的功能。情绪的上升在数量上是增加的，不管它们是变得更加模式化和巩固成态度，还是随着调整变得更加平和。在人生的形成阶段，我们很少有人以这种方式面对自己（以我们自己的反应为索引），而且我们常常太晚才意识到，某些过分强调的态度使自己很难适应生活。情感调节方面的一些更严重的缺陷会逃过自己的观察。因此，让别人对你进行系统的观察是非常有必要的，这种观察必须持续一段时间。我们对常态或平衡的衡量不是数量上的，而是常识性的。

从这些研究中我们得出以下结论：①存在正常的情绪调节；②大多数人并不是完全平衡的，但他们的弱点被其他因素（习惯）所弥补，因此可以有把握地预测，除非危机非常罕见或严重，否则不会出现崩溃；③存在情绪不稳定的个体。

情感实践方面的总结。——有时，引发情绪波动的条件很简单。①可能有一些普通的因素，如饮食不合理，某些食物过度放纵，暴饮暴食，睡眠不规律和睡眠不足。②尤其在儿童中，有一些性质非常不同的因素可以产生干扰。父母通过让孩子做他应该为自己做的事情，而不强迫孩子养成每个孩子应该养成的早期习惯（从而使孩子与同伴不适应）；一会儿责骂孩子，一会儿又对他表现出完全过于强烈的依恋——这种情况很快就产生了一系列的态度（依赖、自卑、愤怒、抑郁）；很多时候，只有把孩子从那种环境中带出来，才能纠正这种错误。③随着孩子年龄的增长，一套更加复杂的因果关系出现了。它被要求对一个与性有关的世界做出反应。发育中的身体使他们对这种情况特别敏感。外界的刺激以一种相互冲突的方式投射到他们身上，以至于没有时间形成适当的联想，也没有预先存在的有组织的适当反应的渠道。错误的性理论被建立；产生了有害的附着物，形成了不好的出口。在青春期的时候，青少年不得不面对大量的性故事和关于孩子如何来到这个世界的错误观念。有时这些声音来自与他们年龄相仿的伙伴，但通常来自年龄较大的孩子，他们代表着权威。除非这些理论被父母（或老师或医生）纠正过来，否则他们就脱离了他们所处的环境。大多数健康的儿童安全通过这段时间；然而，也有少数受到了创伤。在这种情况下，如果父母能与孩子建立起一种完美的融洽关系，并能坦率地把这些事情说出来，就能取得进步。④另一个特别艰难的时期发生在青年男女打破家庭的依恋和联系，离开一个有庇护的环境，去面对他们必须为自己建立的世界。他们要选择和掌握自己的职业，选择和调整自己的伴侣。他们如何面对这个新世界，很大程度上取决于他们在童年和青少年时期形成的情感态度。

第七章

释放行为:"本能"

导言。——在对情感的讨论中，我们提出了这样一个事实：情感和本能之间并没有明显的界限，两者都是遗传的行为模式。在情感中，行动的半径存在于个体的有机体中；而在本能中，行动的半径以这样一种方式扩展，即个体作为一个整体可以对其环境中的物体做出调整。虽然本能的作用范围扩大了，但同时作用又被细化了，缩小到某种特定的调整形式，如护理、擦去有害物质、用手抓被子或任何小物件等。如果上面的区别可以完全毫无例外地加以应用，那就等于说，在情感方面，动作是含蓄的动作，而在本能方面，动作是明确的、局部的动作。

我们很难逃避这样一个事实：在情感中，隐性因素占主导地位。在本能中，动作是明确的，一般不需要仪器就可以观察到。每一种导致明确的本能行为的刺激，很可能同时也会导致情绪紧张的某种变化。人们似乎更容易相信，情感可以在没有明显的本能反应的情况下产生，而本能的行动可以在没有引起情感活动的情况下产生。

本能的定义。——我们应该把本能定义为一种遗传的模式反应，这种反应的各个部分主要是线性肌的运动。否则，它可能被表示为显性先天反应的组合。

威廉·詹姆斯曾说过一些关于本能的话，这些话现在看来和当初写时一样正确：

"我们称之为本能的行为符合一般的反射类型；它们是通过特定的感官刺激被激发出来的，这些感官刺激与动物的身体接触，或在动物周围的某个距离发挥作用。"

对于那些开始研究本能的人来说，最简单的方法就是把婴儿在幼年时，即在没有学习的情况下所做的每一个明确的动作都看作是本能。如果纯粹的本能活动是孤立的，我们也必须采用遗传方法。可以这样说，如果我们把儿童一切未经教育的活动看作是本能的话，我们就不得不承认，人类具有丰富的本能，但这些本能并不都是完全定型的。我们没有看到婴儿打架、奔跑、游泳和挖洞，但我们确实看到他做出了许多不那么引人注目的动作。后来，我们确实发现年轻人跑步、打架、游泳和做许多其他的事情。然而，这个年龄的行为并非完全出于本能，而是本能加上习惯。这个问题与我们为什么要区分本能、习惯和情感活动有关。就情感而言，答案是，如果我们想要最大程度地理解和运用本能因素，那么这种抽象是必要的。我们绝不能忽视本能—习惯的巩固。这种巩固的作用与"纯粹"本能非常相似。

反射和本能的区别。——术语反射在生理学和行为学上都是一种抽象概念。在临床神经学中，常见的测试病人的反射，如膝盖骨、瞳孔在光线作用下的运动、晶状体的调节、足底等。在生理学中，我们谈到与循环、呼吸、消化等有关的反射。我们所说的反射是指在适当的刺激下，在某些相当局限的腺体或肌肉组织中发生作用。它是一种抽象概念，因为眼睛、腿、手或脚的反射动作永远不会孤立地发生。身体的其他部位也会发生变化。

从理论上讲，如果我们刺激传入神经元的一个神经原纤维末端，并让运动神经元的一个神经原纤维链与一个肌肉纤维相连接，可能会产生一个纯粹的反射。上述本能定义为"在适当刺激下，先天性反应连续展开的组合"。从本能的最低层次来看，最简单的办法是把模式中的每一种活动元素看作是一种反射。例如，勒布认为，本能是一个由连锁反应组成的系统。作为本能的简图，我们不反对这样的定义。

对人类本能的分类。——迄今为止，还没有人能成功地对本能做出哪怕是有益的分类。在人类的世界里要做这样的分类比在动物的世界里要困难得多。在动物世界中，相当有用的分类可以通过其获取食物、建造房屋、攻击和防御、迁徙方式等进行。在人类身上，在有机体还没有具备进行这类整合的能力之前，习惯早已掩盖了一切。人们曾试图对人类进行上述分类，但收效甚微。另一种分类的尝试是把遗传的本能行为分为积极的反应倾向和消极的反应倾向。人们做了一些努力来列举人类的本能，最值得注意的例子是桑代克。他用一种有用的方式描述了反应，然后定义了产生反应的刺激或环境。这种方法的困难之处在于，我们目前既没有精确的基因数据，也没有完整的刺激的定义。只有用遗传方法进行长期而仔细的研究才能得出科学的分类。

关于本能的一些问题。——这里应该强调的一点是，为了在本能领域进行有益的研究，我们应该带着一个明确的问题来进行。人们相信，当人类的婴儿从特殊利益的角度得到更彻底的研究时，本能中理性的分界线将会出现。直觉应该从职业的、社会的、教育的和精神分析的角度来研究精神病学的观点。比如：①利手性是先天的还是仅仅是社会性的？如果是先天性的，如果由惯用左手转为惯用右手会有什么严重的后果？②本能设备是否有重要的变化？这些变化可以在孩子以后的发展中加以利用吗？至少，我们可以相信，孩子从婴儿期开始的积极反应可能指向明确的职业兴趣。他的消极或冷漠的反应可能是同样重要的因素。③这也是有可能的，我们可以成功地解决本能的生命群体的历史活动，获得在特定的年龄的孩子的正常发展，因为某些本能的过程是犹豫出现、发展、成熟，然后消失。④本能上的性别差异——是在男性和女性的孩子之间存在着活动上的差异，还是这种差异完全是社会性的（当然，这种差异几乎始于出生时）。这涉及上面的②。

这需要对一种有用的东西进行粗略的调查。这样的调查应该在一个以上的孩子，并在一个比在普通家庭和学校条件下更好控制的情况下来进行。

遗传研究的本能。——早期的感官反应。我们实验室收集了大量关于婴儿早期感官反应的观察资料。如果婴儿的呼吸和手的运动被记录在感官刺激期间，可以获得敏感性的证据。比如，害怕的情绪下的屏住呼吸、痉挛性运动的胳膊，音叉需要非常靠近耳朵才会有婴儿反应，而用薄荷油、天冬葵、丁酸和氨等嗅觉物质刺激也得到了相似的无差异反应。大多数反应来自刺激第五神经的物质，第五神经是触觉神经。

呼吸。——婴儿出生哭声发生在出生后呼吸中枢受到刺激的那一刻；在出生五分钟后就会打呵欠；打嗝可能在最初几小时后开始；出生后的第一个30天里，常常一离开母亲就打喷嚏；哭泣也是最早的反应之一。

一些本能反应。——婴儿一接触水，往往会立刻发出哭声。涉及阴茎勃起、排尿和排便的机制在出生时或出生后不久就有作用。很明显，婴儿在出生后的几个小时内就会哭。然而，往往在出生后几天才会流泪。在出生后的任何时候都可以抬头。如果将婴儿一只手张开放在腹部，并用另一只手支撑背部，此时头部动作就会表现得非常明显。一般出生2~15天内的婴儿可以支撑头部1~6秒。手的动作呢？手指的张开和闭合在出生后的任何时候都可能发生。许多种重复的动作是用腿、脚和脚趾做的。

如果用手指轻触出生后不久的婴儿脸颊或下巴，他会移动头部，使嘴与手指接触。但在深度睡眠中，它显然消失了。喂食后也很少会做这样的动作，但在饥饿的时候，这是很常见的动作。出生几小时后的孩子似乎能把手指和手放进嘴里。整个吸吮的本能似乎在前半个小时结束时得到了很好的协调。整个反应系列是由舌头、嘴唇和脸颊的运动组成的，吞咽是活动链的最后一环。

掌握反射。——对巴尔的摩大约100名婴儿的测试记录显示，从出生到150天不等的婴儿，抓握反射几乎在所有正常情况下都存在。只有3到4个例外。但它似乎在手眼协调能力形成的时候就消失了。在异常情况下，如佝偻病、营养不良、脂肪供过于求、生病等，反射有所影响。在受测试的婴儿中，有一个没有大脑的婴儿，在他出生时，这种反射也几乎是完美的，直到18天后死亡。

左右手。——在测试利手性是一种本能还是一种社会习得的习惯中，根据大量的记录及对其中受测试婴儿的跟踪研究后统计，无论是右手还是左手，都没有本能的偏好。让孩子们躺在那里，不让其中一只手或多或少地得到自由，几乎是不可能的。也有另一种测定惯用手的方法，即人体测量法，测量左右肱二头肌的直径，从肘部到中指第二关节的左右前臂的长度。该方法的初步报告显示，右肱二头肌较大，右前臂长度略大于左前臂。但这些结果可能不可信。因此，我们对利手性问题没有得出结论。在婴儿期早期并没有优先使用其中某一只手，而早期的习惯协调似乎也和右手一样容易形成，但我们知道，就成人活动而言，大约96%的人是右撇子。

防御动作。——早期的防御运动已经在大量的婴儿中进行了相当彻底的试验，但采用的是一种非常粗糙的方法。鼻子被轻轻捏了一下，孩子接触实验者手指的时间被记录下来。以下是一些样本记录：

3天。在第一次试验中，右手在18秒内击打实验者的手指，在第二次试验中，右手在2秒内击打实验者的手指。

4天。立刻有人举起手来，在3秒钟内按了按专家的手指。

8天。在3秒内用右手击打实验员的手指，在4秒内用左手击打实验员的手指。在接下来的试验中，第一次左手击球5秒，第二次右手击球6秒。

12天。快速运动开始。3秒钟之内就击中了专家的手指。

另一个有趣的防御动作是这样的：如果婴儿仰卧、双腿伸展、单膝内侧被轻轻挤压，另一只脚几乎会像反射蛙那样有规律地抬起。

在这里，我们有机会来研究刚出生一天的婴儿的习惯形成的快速性。在做实验时不会有丝毫的伤害或危险。事实上，它可以作为一个非常有用的练习来进行。

游泳动作。——关于新生婴儿是否会表现出协调的游泳动作已经有了一些推测。这里的实验是在婴儿出生几分钟后进行的。一个小的镀锌铁罐装满了大约10英寸高的水，并保持在体温，为测试做好准备。在确定了呼吸之后，婴儿被缓慢地放入水中，并由实验者的手支撑着。最初是恐惧的激烈表达——哭声，呼吸停止，随之而来的是更深层次的灵感和快速的、完全不协调的手和脚的划动，这些都是可以观察到的。在做这个测试时，切记不要让婴儿的头下沉到让水进入鼻子或嘴巴的程度。婴儿的行为与其他一些年轻的哺乳动物的行为形成了鲜明的对比，这些哺乳动物有的在第一次被放入水中时就能游得很好。

朝向光。——接下来的实验是由20名婴儿完成的，他们出生几天不等。婴儿平躺在床上，头部由两块棉绒垫子水平支撑。紧挨着头顶有一辆带灯的小马车，以半米为半径从周边的一处移动到另一处。光线正好在婴儿眼睛上方的位置，被称为零位置。从这个位置，光可以向右或向左被带到任何想要的角度。测试是在暗室里进行的。光线刚好足够让适应黑暗的观察者的眼睛注意到方向是否发生变化。实验记录表明，刚出生的孩子至少有一个很好的机制，把眼睛转向有光线的那一半的视野。但不会持续。

眨眼。——眨眼可能被认为是一般回避动作的一部分，在较大的儿童和成人中，会伴随着向后转头和准备向后走的动作，但在出生时并不存在这样的反应。

爬行。——爬行是否是一种遗传的反应有点值得怀疑。我们的结果还不确定。如果一个刚出生的婴儿被放在一张薄薄的垫子上，垫子被紧紧地绑在桌子上，十分钟后，婴儿的姿势会有轻微的变化。在所有爬行动作中，腿和手臂的协调运动是必不可少的，腿、手臂或两者的大幅度运动就会使婴儿的躯干向右或向左移动。显然，刚出生的婴儿没有足够的协调性。

虽然我们不能肯定地说，爬行没有一定的出现时间，在某些情况下也不是一种明确的本能模式，但我们可以肯定，爬行不像人们通常认为的那样是一种普遍存在的本能。

积极和消极的反应倾向。——对这个非常重要的课题进行测试的方法首先是建立手眼协调。以出生129天的婴儿为例，在研究的年龄阶段，可以看出几乎没有回避倾向是本能的。我们可以总结一下，就像通常所做的那样，协调一旦形成，婴儿对几乎所有的小物体都有积极的反应。

在这个年龄没有明确的回避倾向,这些测试已经在另外两名年龄相仿的儿童身上重复进行,这两名儿童之前从未被这样的物体刺激过。如果这些对象已经形成了习惯,那么整个系列的测试都是毫无意义的。

所以,可以得出结论:人本来就具有各种积极的反应倾向,但很少有消极的反应倾向。

各种本能的出现顺序。——我们从遗传研究中获得了一些这方面的数据:抓握反射在出生时出现,逐渐增加,在120天左右逐渐消失;眨眼直到第100天才出现,但会持续一生;与性行为有关的最后一组本能(性交)出现在青春期,并无限期地持续下去。通常,一种本能表现为一段时间内或短或长的上升期或发展期。在那些一段时间后就消失的本能中,可能也有一个类似的衰退期。性本能说明了本能的周期性。这是唯一的例子。

如果忽略植物性本能的周期性作用,就会在人身上发现这一点。在动物世界中,我们可以很清楚地看到与筑巢、迁徙、冬眠等相关的活动中本能的循环。

人类缺乏模式本能。——任何一个公正的、观察人类本能的科学观察家都不应声称,人类具有动物那种独特的、本能的全部本领。本能和形成习惯的能力,虽然是相关的功能,但在任何动物中都是成反比的。人的习惯形成能力很强。基于本能活动而形成的习惯是如此之快,以至于人们通常和动物一样,被赋予了一长串的本能。

以下是人类或多或少的一些传统本能。这一论述主要来自桑代克的《人的本性》。

获取和占有。——对任何不太大的物体,对一个不引起恐惧的物体,最初的反应是接近,或者如果孩子在伸手可及的范围内,伸手、触摸、抓住，然后将物体放入口中，或操作。当一个人或动物抓住或偷走一个人拿着或放在身边的东西时，应对的方法是握紧物品，向入侵者推、打和尖叫。

可以看出，伸手和抓握是作为反应的一部分。接触、抓住和释放物体，虽然它们有本能的成分，但在它们发挥任何作用之前，必须通过习惯进行极大的改变。

狩猎。——人，尤其是饥饿的时候，面对一个逃跑的小东西，除了追赶训练，还会做出反应。当足够接近的时候，他扑上去抓住了它。如果被抓住，他会检查，操纵并分解它。如果对方体型较大，也会以同样的方式做出反应，只不过他更有可能扑向猎物，把它压在地上，掐住它，直到它停止移动。

人在婴儿的时候就强大到足以肢解一个动物。在习惯改变之前，我们在"狩猎"本能中所能看到的，都是对某些死去或活着的物体的积极反应和操纵。

收集和囤积。——人们假定存在一种"盲目"的倾向，即把任何对物体有积极反应的东西拿回家去。这可以具体到收集和储存物品，如钱、大理石、线、陀螺、邮票、情人节贺卡等。

如果精神分析学家的话是可信的，那么收集和贮藏就表明有许多因素并非出于本能。我们自己的看法是，这里几乎没有什么可以被称为本能的东西。孩子们将在一个相当封闭的环境中成长，没有收藏或囤积的倾向。据我们观察，他们的反应更像是猴子的反应：他们伸出手去，抓住并操纵一切，但他们扔掉或扔掉第一个物体，然后再去拿下一个物体，直到旁边的人感到厌烦。一旦形成了建设性的习惯，囤积行为就会发生。然而，从婴儿期开始，让孩子收集玩具通常是一场斗争。世界上最难养成的习惯之一就是整洁——把玩具和个人物品都放回柜子里。这种倾向是完全相反的——朝着猴子，分散的行为。钱的情况也差不多。保险统计数据显示，在60岁的男性中，只有约4%的人"积攒"了足够的资金，在他们预期的余生中都能维持生计。当孩子们开始进入社会群体时，他们囤积别人囤积的东西。他们通常收集团队实际使用的任何东西。

居住。——我们引用詹姆斯的话："毫无疑问，人类有寻求一个隐蔽角落的本能，这个隐蔽角落只有一边是敞开的，他可以躲到里面去，这样他就安全了，这种本能就像鸟儿筑巢的本能一样，在人体内是非常具体的。他所需要的不一定是一个避雨和避寒的地方，但当他不是完全不封闭的时候，他会比躺在外面的时候感觉更少暴露，更有家的感觉……最复杂的习惯是由它养成的。但是，即使在这些习惯中，我们也看到盲目的本能突然出现，例如，我们在房间里把床头靠在墙上，假装自己是在躲避，而不是以另一种方式躺在床上。"

詹姆斯的声明中有许多未经分析的因素。例如，他根本没有告诉我们是什么情况导致了这种行为。他对人们睡眠方式的观察当然是肤浅的。对婴儿和儿童来说，无论婴儿床或床在房间的什么位置，他们显然都会睡得一样好。随着年龄的增长，他们形成了这样一种睡眠习惯，即不妨碍视力。除非我们把"房间里的床头靠在墙上"，否则视觉会受到干扰。如果不是为了保持温暖或凉爽，或者是为了防止昆虫、动物和掠夺者，可能就不会表现出睡在封闭地方的床上的倾向。这一论点也可以反过来说："人有一种强烈的本能，要远离所有的住所，睡在户外。"这是一个很好的例子。他的整个描述似乎是试图在人类的行为中找到某种与动物行为相对应的东西。它与动物行为的拟人化描述相反。我们试着把动物变成人类，在这里，我们试图使人类成为低等动物。

迁移。——人们常说有两种密切相关但相反的本能，一种是迁移本能，另一种是家庭生活本能。主张这些倾向的人举出了流浪汉的例子。弗林特说（引自桑代克）："我知道那些在路上的人纯粹地、简单地步行，因为他们喜欢步行。据我所知，他们没有烟酒的嗜好，也与罪犯和他们的生活习惯完全脱节。但不知为什么，他们就是无法克服那种流浪的激情。这是最真实的——一种真正的、自愿的流浪汉的类型——要改造他，就必须扼杀他的个性，消除他的野心——而这几乎是一项超人的任务。即使他改过自新，他也是个最落魄的人。"

这种分析显然是肤浅的。有许多因素混杂在一起，这些因素比任何其他本能都更为根本。

战斗。——打架被列为主要的本能倾向之一。当强调显性的活动时，它就被恰当地归类为一种本能，一种非常重要的本能。

母性本能。——对一个已经生了孩子的女人来说，看到、抱着、吮吸也许是人生能给她的最有力的满足，而失去孩子则是最悲哀的思念。许多其他心理学家也以这种方式将父母的行为理想化。对于那些在产房工作的人来说，情况有时看起来完全不同。我们观察了许多母亲对第一个孩子的洗澡等护理过程。母亲通常对此感到很尴尬，本能因素几乎为零。

合群性。——儿童和成人在独处的刺激下所表现出来的活动通常被称为群居本能。观察到的反应是四处游荡、坐立不安、口头抱怨和实际的寻找动作。如果这种情况长期持续下去，即使是成年人也会打破一切界限，克服许多障碍，以便与他人交往。种姓和社会差别被打破，最高贵的人会与最卑微的人友好相处。"当真正与群体在一起时，这种不安就消失了，即使个体与他的同伴没有任何社会关系，只是从一个地方到另一个地方游手好闲。"单独监禁是最严厉的惩罚之一。这些倾向在麦克杜格尔的《社会心理学》和勒庞的《群氓》中都有很好的体现。我们可以把这种本能进一步分析为更简单的因素，但这种本能已得到了普遍的承认。

其他所谓的社会本能。——社会心理学家过分强调了下列活动中的本能因素，认为人应该对他人表现出特殊的本能倾向。对条件反射早期功能的洞察告诉我们，婴儿会比其他人先"挑出"递奶瓶（或喂母乳）的人。在这里，我们当然没有多少理由去假设本能的因素。母鸡孵出的小鸭子跟着她转，把她挑出来，了解她常去的地方，但肯定没有人会说，除了跟随的本能加上已经养成的习惯之外，还有什么比这更重要的了。关于缺乏许多本能因素的类似结论，必须在所谓的"注意力获取""对赞成和轻蔑的行为的反应""控制和顺从的行为"等情况下得出。这些都是人类整体行为的重要方面，但我们似乎没有理由认为这些行为是出于本能。毫无疑问，就在出生后不久，与陪伴者和父母有关的条件反射就开始形成，远早于系统化的习惯开始形成。换句话说，在反射本能和有组织的习惯之间存在着一个真正的条件反射。在较早的文献中，许多被描述为本能的联系都是在这个时期形成的。我们已经证明了孩子在多大的年纪就学会了控制父母的行为——独自一人时哭泣，在黑暗中哭泣，上床睡觉时哭泣，等等，这些都是孩子们最喜欢玩的把戏。一看到某些食物就呕吐是另一种症状；当某样东西被拿走时大发雷霆是另一个形式（父母通常会把东西还给孩子，从而向孩子让步）。

模仿。——心理学家对动物和人是否具有模仿的功能这一问题，看法或多或少存在分歧。

操纵。——操纵的本能，尽管它必须得到某些习惯因素的补充，但可能是所有原始倾向中最重要的，因为几乎所有后来的习惯形成都依赖于它。说到最重要，这里忽略了与身体功能相关的本能，比如性、排泄功能等。好奇心通常被认为是人类最重要的本能之一。在好奇心中看到的活动被包含在那些与操纵有关的活动中。

其他断言本能。——其他被断言的本能，比如贪婪、善良、戏弄、折磨、欺凌、清洁、装饰等。对这些活动进行进一步的观察和分析是必要的，然后才能决定本能因素在多大程度上存在。心理学家们坚持认为，尽管儿童身上容易弄脏，但清洁是人类的本能。大多数孩子都能从出生的无清洁能力，到学会正确洗脸、洗手、洗澡，以及更细微的洗耳朵、保持牙齿和指甲清洁。这与"清洁本能"是一致的。

玩耍。——玩耍是受刺激的本能活动的一种形式。游戏作为一个整体，似乎是由各种各样的活动组成的，它们或多或少地共同起作用。操纵是最容易观察到的活动之一，还有面部表情的快速变化、发声、跑进跑出、爬行、躲藏等。在社会因素的影响下，很快就组织成各种游戏，或个人的习惯活动，如做泥饼、用积木搭房子、照顾和喂养小动物等。

毫无疑问，我们在孩子们的游戏活动中看到了成年人的萌芽活动，如做家务、做饭、抚摸洋娃娃等。在这里，父母的塑造或训练活动是很容易观察到的。如果一个年轻人在与世隔绝的环境中长大，他很可能会去玩，但毫无疑问，他的游戏形式与在现代文明环境中长大的孩子完全不同。吉卜林描绘了狼孩毛克利的成长过程。毛克利是在狼的哺育下长大的，在森林里和动物们一起玩。

格鲁斯提出了玩耍的生物学理论。在他看来，玩耍是一种生物倾向。年幼的动物从事那些对它以后的生活有用的活动。大多数被断言的本能实际上是本能和习惯的结合。

本能的性反应。——性本能表现的主题太广泛，不能简单地论述。在对大约500个从出生到出生后300天不等的婴儿进行的观察中，我们从未看到孩子有任何用手接近性器官的本能倾向。观察表明，即使当孩子被捏或抓脚底时，手的倾向总是向上和朝向脸，很少向下。

抑制和控制本能。——与本能的崩溃及其被习惯取代有关的问题既有实际意义，也有理论意义。在正常的活动得到发展的机会之前，它们必须经常被打破。此外，许多完全正常的本能必须置于社会控制之下，个人才能准备好与他人交往。正常本能行为社会化的最早例子之一，是通过教导婴儿节制其排泄功能来说明的。就这种模式而言，本能的活动是保持不变的，但释放这些活动的情况就更加复杂了。母亲开始控制孩子的过程非常简单，每两个小时或更短的时间带孩子去一次厕所，把孩子留在那里，直到这些行为完成，然后把孩子带回到更习惯和正常的环境。这种联系在正常儿童中迅速发展。此后，器官内的刺激（比如尿压）导致孩子做出一些动作，通常是发出声音，这提醒母亲关注，并将其带到适当的地方，以完成这些功能。随着孩子年龄的增长，这种刺激的压力触发了他自己去适当的地方的行为。因此，有大量的习惯活动是围绕着本能的功能而建立起来的，但是，除了短暂的初始抑制（括约肌控制）之外，后者几乎没有受到影响。

有些孩子一出生就本能地吮吸手指。如果不加以纠正，它可能会在婴儿期后很长一段时间内继续存在。最常见的打破本能的方法是把一些东西放在手指上，比如辣椒，或者把一个硬纸管放在胳膊上，这样胳膊肘就不会弯曲，从而使动作无法进行。在这里，本能消失了，因为行为无法完成。

人们非常重视用右手的习惯。如果利手性是一种本能，就像大多数人认为的那样，那么我们在研究用左手时，就有一项本能被取代的研究。所有的东西都放在孩子的右手边，人们用右手和它握手，父母把所有的东西放在一个地方，这样右手就会比左手用得更频繁。

在成人生活中，"习惯化"的过程可能是消除本能，尤其是消除本能的恐惧倾向的最有效的因素（尽管许多这样的反应是有条件的，但它们往往具有强有力的作用，就好像它们是天生的一样）。

第八章

习惯的形成和保持

导言。——在前两章中，我们已经讨论了人类的遗传资产——人类未经教育的行为方式。从我们的研究中可以清楚地看出，如果人类被迫仅用其天生的才能来做出调整，那么他的行为就会缺乏我们所知道的成人所具有的那种复杂性和多样性。

条件反射。——在出生时看到的纯粹本能反射的活动水平，和我们即将讨论的这种类型的明确习惯所代表的水平之间，有一种习惯活动阶段比迄今为止所得到的更值得考虑。人们很关心孩子从什么时候开始从一个点爬到另一个点，或从一个点走到另一个点，处理和操作物体，并养成语言习惯。我们已经在几个地方讨论了活动的这个阶段——对情绪刺激的依恋和超脱反应，以及与在很早就形成的积极和消极反应的联系。这些都与习惯有关。它们属于条件反射类型，是后天习得的。由于家长和教师的教学是最重要的，因此整个层次应该得到更广泛的研究。

人们相信，孩子往往就是在这个阶段更容易被打造或被打破的。人们只需要注意与恐惧反应相关的大量物体，或者一个80天大的婴儿如何通过哭泣和发怒来学习控制他身边的人。我们回顾在其他联系中所作的这些陈述，是为了在此强调一点，即我们现在所考虑的那种习惯并不是最早形成的。

交叉的教育。——与习惯形成有关的一件有趣而重要的事情是，当一种习惯形成时，它利用身体的任何特定器官，例如右手和胳膊、两侧对称的器官、左手和胳膊，共同参与训练。这种改善似乎并不完全局限于双侧对称器官，因为训练右脚踢腿不仅最显著地提高了左脚踢腿的能力，而且这种改善还延伸到右手和左手。这种现象很早就在感觉生理学（对两个接触的不同反应）中被发现。伍德沃斯已经证明，用左手击打圆点的练习大大提高了右手的能力。斯威夫特发现，在训练右手抛接球之后，左手的能力得到了提高。斯达克发现，左手的进步大约是右手的十分之九。

习惯的本质。——任何一种明确的行为方式，无论在性格上是显性的还是隐性的，都不属于人类的遗传设备，而是被视为一种习惯，它是一种个人习得的行为。人从出生的那一刻起，在不睡觉的时候，他的胳膊、手、腿、眼睛、头，甚至整个身体都在不停地移动。以任何方式刺激他，这些动作就会变得更频繁、幅度更大。在器官内刺激的影响下，如在饥饿和口渴时平滑肌的过度活动，特别是在愤怒、恐惧和其他情绪活动时无导管腺体的过度分泌，这些运动会变得更加频繁。同样，在疼痛中，运动的次数也增加了。从我们对习惯的实验研究中可以得出，自主神经系统提供了身体作为一个整体的不安分的寻求或避免运动，从而使机体显示出组成习惯的本能技能。至于在缺乏自主活动的情况下，外感器官（眼睛、耳朵和鼻子）是否曾经提供过这种最初的驱动力，这个问题并不那么容易回答。心理学家们普遍认为，运动、明亮物体的闪光、噪声，以及一般应用距离感受器的刺激，可以增加这些初始运动的数量和幅度。

然而，这些都会刺激平滑肌和腺体的交感神经系统。在出生时或出生后不久，婴儿的每个习惯形成的行为都可以被记录下来，比如：手指的收缩和弯曲，上臂和下臂的收缩和弯曲，头部的抬起低下、转动，躯干左右前后的弯曲，腿的系统运动，以及其他许多动作。因此得出这样的结论：人在习惯上不需要新的基本动作。因为在其出生时就已经基本具备了，而且之后还会被陆续合并成复杂的单一行为。

习惯中的新元素或习得元素是将不同的动作捆绑或整合在一起，从而产生一种新的整体活动。我们所说的单一活动只不过是指生活中的日常行为，比如伸手去拿一个刺激眼睛的东西，拿起这个东西放进嘴里，或者把它放在桌子上；用右手拿起锤子，用左手拿起钉子，用左手握住钉子，用右手锤打，直到钉子开始敲起，然后用左手缩回钉子，把钉子钉进去。诚然，这些都是简单而基本的行为，就复杂性而言，似乎与建造模型飞机或写小说截然不同。但是，孩子们可能要花比一个成年工程师造一架飞机更长的时间才能学会如何钉钉子。

本能和习惯无疑是由相同的基本反射组成的。它们在起源问题上意见不一。

以这种方式陈述观点，我们当然忽略了一些后期出现的基本反射动作，如眨眼，以及后期的性反射。

模式（所涉及的简单反射弧的数量和位置）和构成模式的元素展开的顺序（时间关系）。在本能上，模式和秩序是遗传的，在习惯上，它们都是在个人的一生中获得的。我们可以这样定义习惯，当孩子或成人在受到适当的刺激时，本能的反应作为一个复杂的系统功能以串行顺序应对，习惯提供了模式和秩序，并在本能中继承。从这一定义可以得出，就单个成年人的行为观察而言，我们并不能区分本能和习惯，因此，这里再次需要用遗传方法来确定两者之间的关系。

显性和隐性的习惯。——习惯分为显性和隐性两种。明确的习惯的例子包括开门、打网球和拉小提琴。其实，谈话、演讲、写作等人们从事的任何职业也都属于这类。虽然整个身体都参与了这些活动，但最明显、最容易观察到的活动阶段是臂、腿和线性肌肉系统的其他运动器官进行的运动组合。

一个有教养家庭的5岁的孩子可能会用两千多字，许多未受教育的成年人会使用的字数从未超过这个数量。受过高等教育的人可能使用五千字，而有成就的词典编纂者可能会使用一万至一万五千字，并给出其中许多字的来源。一个过着复杂生活的人在一个星期内所做的有名称的行为（不包括用词）的数量是巨大的。此时，遗传模式的作用就显得不那么重要了。

借助工具才能观察到的隐性习惯系统，其数量可能与显性系统一样多，甚至更多，而且往往比显性系统更复杂。许多隐性的习惯已经在腺体和非条状肌肉条件反射的标题下讨论过了。在主要涉及线性状身体肌肉组织的隐性习惯中，除了与喉部、舌头和喉部有关的习惯外，很少有人知道，许多与思考有关的活动实际上是隐性的身体运动，例如，肩膀、手、手指和其他移动的器官。我们在生活中遇到许多情况时，唯一的即时反应就是轻轻挥手、轻弹眉毛、翘起嘴唇、轻声咕哝一声"哼"。当然，在没有接受过语言训练的聋哑人身上，行为主义者假设所有的思考都是在聋哑人的字母表、布莱叶盲文阅读系统和整个身体肌肉组织中所涉及的新生运动中进行的。有许多简化的过程，这和一个正常成年人的思维过程是一样的。在正常个体中，大量的隐性习惯系统形成于喉部、舌部及喉部肌肉。

为了便于表达，本章只讨论明确的身体习惯的习得及其保持。

习惯的形成。——成年人的习惯形成过程与婴儿的习惯形成过程有几个方面的区别。首先，婴儿的肌肉发育不良。他的参与运动的更精细的肌肉还没有被协调成通用的习惯系统，行动缺乏确定性和清晰度。在试验中，他学会了伸手去拿糖果和不去拿蜡烛，这些组织不仅在这种特殊情况下有用，而且在他将来可能养成的几乎所有其他习惯中也有用。有一些证据表明，神经生理学的生长过程实际上正在发生，因为人们普遍认为，肩膀、肘部、手腕和手的大动作比手指的精细动作早得多。我们通过研究拇指和食指的位置得到了一些证据。大肌肉的这种早期发展在小学阶段就被考虑进去了，在教孩子们写字时，他们先采用大的动作，然后逐渐地向精细的动作发展。这是否是一种合理的教学程序是值得怀疑的，因为当他们达到写作年龄时，手指的细微运动是可能的，孩子仅仅需要养成一套双重的习惯。早在心理学史上就有研究表明，不同的接触反应在儿童身上比在成人身上表现得更好。这是由于孩子的所有传入末梢都发育成熟了，而且由于他的手比成年人的手小，所以末梢靠得更近。当然，对于肌肉的动觉末梢也可以提出同样的论点。然而，这里我们又一次进入了研究的领域，而不是既定事实的领域。

在成年人身上，成千上万的类似经历已经带来了组织性，而他必须养成的大多数习惯至少在某种程度上是利用先前的习惯形成而获得的组织性。这在某种程度上是他的力量，同时也是他的弱点。我们锻炼肌肉的习惯使肌肉变得不寻常。与肌肉没有被固定在这样的习惯模式相比，获得全新的活动模式更加困难。对于一个35岁的人来说，要想学会跳水，或者用手腕准确地击中网球是很困难的；要想学会跳芭蕾舞几乎是不可能的，除非她在10岁或更小的时候就开始练习。但是，在考虑年龄对习惯形成的影响时，我们发现，中年人肌肉僵硬的概念被高估了。毫无疑问，在获得成人和青少年的可能性方面是不同的。

通过观察120天大的婴儿，我们发现，当婴儿面对一种无法调整的环境时，本能因素就会发挥作用。在人的类似情况下，不是婴儿的随机活动出现，而是之前学习的习惯性的单一活动出现。假设我们试着教他打网球，他准确地握着球拍，但可能握的位置不对。他笨拙地挥舞着它，可能就像他挥动棒球棒或木板一样——他做了他过去最常做的事情。一般来说，当他进入新环境时，他会先尝试一个旧动作，然后再尝试另一个。当这些反应不起作用时，就会出现分裂和部分反应。这种情况在任何时候都可能引发情绪化，特别是当他过去的组织不能帮助他的时候。然后，他又回到了幼稚的反应方式：他可能会把东西扔下去，踩在上面，随意地拉动、扭曲和操纵它的任何一部分，最终在愤怒中打碎它。但很少有人对婴儿的反应进行调整，因为在情绪激动时，比在一个有组织的整体水平上工作时，会释放更多的随机行为。通常情况下，成年人在新情况下的活动表现是有序的。成年人先处理简单的事情，尽可能地把它们组合起来，每一个组合都使接下来的步骤更容易，直到最后问题得到解决。

我们在打字中发现了一个很好的例子，在打字时，个人的持续速度很少超过每分钟64个字。同样的事情也发生在步枪射击、台球、高尔夫球等每一项已被研究过的技术动作中。

日常生活习惯。——只有在日常生活中，很少有人是通过我们所概述的系统方式获得技能的。我们的练习时间很短，只有在长时间间隔后才会重复。一个人在日常生活中获得技能的最典型的例子就是他在遇到问题时的表现。他解决了问题，或者根据情况离开了，而没有掌握所有的细节。

在对这类活动进行专门研究之前，我们已经在这里使用了思维，但我们指的只是语言活动，它在所有方面都与其他有组织的运动活动相对应。我们早前指出，这种语言习惯的数量远远超过其他所有语言习惯。因此，当被困或遇到困难时，就会不断地从公开的语言（对自己或对同伴说话）转向含蓄的语言（思想），并转向手臂、手和手指的公开活动。他读过的或别人对他说过的话被恢复，它们反过来又成为激发公开活动的一种刺激。由此可见，外显活动不断唤起内隐活动，内隐活动又不断唤起外显活动。在我们的例子中，所有的个体都是在有机外的或器官内的刺激或两者同时刺激的引导下不断地行动。

但是生命太短暂了，我们无法成为所有我们偶尔参与的活动的专家。我们成了各行各业的多面手，除了那些我们赖以为生的行当。每个人在生活的不同领域，如音乐、绘画、绘画、演讲和工程，所拥有的简单习惯的数量确实是非常大的。

培训转移。——沿着某一特定路线进行的培训，是否会对其他路线产生普遍的转移效果，关于这一问题的争论所涉及的问题比学校制度更古老。整个问题在某个时候都围绕着这样一个问题，即学习古典文学和数学是否有助于学习所有其他学科。实验文献数量庞大且极具争议性，这里只给出了几个实验的结果。福斯特和成年学生一起，每个人花40个小时在10周的时间里进行练习，测量和分析绘画对象、图片和无意义的绘画方面的进步。他总结道："无论是我们还是受试者自己都相信，这些实验培训使得受试者能更好地去观察他人和周围事物，甚至提高了其他的能力，所谓的正规训练的价值似乎被大大高估了。"

一种语言功能的提高得益于另一种语言的训练。例如，受试者接受学习《失乐园》的训练，然后测试他学习《亚瑟王的到来》的能力，或者接受学习无意义音节和学习普通单词的训练，或者接受学习诗歌和历史的训练。当然，在这样的实验中，人们先对实验对象进行了学习材料能力的测量，这种能力将用于以后的实验。在获得某一功能部分的技能时，要做一些调整，如控制眼球运动、形成系统的学习习惯、查字典的方法等，这些都可以直接用于获得其他某些功能的技能。这些部分的调整被伍德沃斯和桑代克称为"相同元素"。结果发现，如果两种职能没有相同的要素，一种职能的培训并不会加速另一种职能的习得。

增加物体的复杂性，使其超出适当反应的范围。从狭义上讲，这个问题已经在实验室里用仪器进行了研究。这是一种同时展示一系列单词、图形或物体的装置，时间比反射性眼球运动的时间短。实验者首先展示两个字母、图形、单词或数字。如果实验对象能够正确地命名这些对象，或者将它们写下来或者画出来，那么展示的对象的数量就会增加，直到达到极限。正如所料，考虑到我们的单词习惯和其他习惯形成的方式，许多单独的单词可以作为单独的字母正确地做出反应。人们发现，只有在不超过六种类型时，才可以被正确地反应。这个极限通常在4到6之间。

能同时起作用的习惯的数量。——当刺激的复杂程度超过一定程度时，受试者无法对刺激做出充分反应，这促使我们考虑可以同时进行的活动或习惯的数量。事实是，从最广泛的意义上说，由于个人作为一个单位行动，一次只能做一件事。这句话中似乎有一个明显的矛盾，人们会立即注意到，在进行生动的交谈时，妇女可以同时编织、缝被子或缝纫。答案是，编织和交谈是一起学习的，因此它们是一个有组织的系统的一部分。比较难做到的是边说话边弹钢琴，但这也是可以做到的。更难的是说话和打字同时进行，然而，如果最初学打字的时候，是边说话边打字的，那么就有可能做到。

在理论上认为，学习边编织边说话似乎并不难。但如果边把先前背好的诗写下来，边大声朗读和默读，要求就高多了。当然，在学习的过程中，受试者能获得一些学习技巧，而且，实验发现，能增强记忆力，但是，这种同时进行的双重学习付出的努力和压力使得这样的学习方式流行不起来。

在精神病理学中，有许多独立的部分反应练习的例子，其中一些高度系统化。我们在所谓的"多重人格"或"分裂人格"的案例中看到这种系统化，几乎每个人的组织中都有杰基尔博士和海德先生的影子。如果我们假设由于这样或那样的原因，更社会化的反应会相互冲突，那么在那个层面上的反应抑制就会发生，行动就会通过不冲突的出口发生。按照习惯形成的一般原则，如果这种情况持续足够长的时间，那么个人就没有理由不像海德先生那样有条理。如果通过个人环境的改变或再教育，杰基尔博士社会化反应倾向中的冲突被消除，我们可能会再次看到他以杰基尔博士的身份做出永久性的反应。

固定的习惯。——现在还没有一个令人满意的方法可以从因果的角度来解释习惯的形成。许多专著和特殊章节致力于解释，尽管我们知道很多关于因素影响形成的习惯。正如我们所见，习惯开始于所谓的随机运动（如果对象不能引起积极或消极的反应倾向，那么就不能形成习惯）。在这些随机的运动中，有一组或一组组合完成了调整，这是"成功的"调整。所有其他的，从表面上看，似乎都是不必要的。但是，必须记住，除了他的设备所允许的以外，有机体不能以任何其他方式做出反应。当一个问题不能通过一个直接的本能行为或一个人过去养成的习惯来解决时，整个机体就开始工作，不仅是胳膊、腿和躯干在活动，心脏、胃、肺和腺体也在活动。我们知道，当新习惯形成时，有机体作为一个整体平稳地行动，每个部分的反应与其他每个部分的反应相互联系，所有的反应都是为了促进并影响最终调整的一组行为的实现。即便是最简单习惯的形成，也是一件极为复杂的事情。

比如用一支步枪发射一颗子弹，也需要身体各个部位的灵活调整。右手拿起步枪，身体做出特定的姿势，以支撑身体，背部肌肉进入紧张状态，左手小臂位置拉紧，肩部肌肉收缩，最后调整呼吸，同时，准备扣动扳机的身体随时准备接受来自枪的反冲力。

这样一组密切配合的活动，需要各个部位彼此协调，最终射中靶心，这需要在一开始就表现出大量的"无用"动作。但很可能在每一次成功击中靶心的尝试中，这些部分的反应会以一种促进后续动作的方式结合在一起。因此，整个学习阶段是一个积极的阶段，每个人在这个过程中都会有所收获。因此，所谓无用的动作，只有从已完成的习惯的角度来看，才是无用的。这些行动都是必要的，因为只有在这些行动之前采取了已经采取的行动，才有可能取得成功。

促进新陈代谢。——那些在完成调节过程中一直处于活跃状态的神经肌肉部分，其血管系统会略微扩张，因此，在增加和改善血液供应的过程中，它们就能获得更多一些。

有可能当最后一组动作完成后，就变成了一个能产生情绪的情景，腺体内的分泌物被释放出来作为强化物。当然，可能是肾上腺素中和疲劳产物的作用。

习惯的神经基础。——就习惯的习得而言，人主要是一种视听动物。我们的意思是，在所有习惯的习得阶段，这两个感觉器官以运动的方式启动了大多数的冲动。这并不是说其他感官没有以同样的方式被利用，或者它们可能没有被利用。当然，在最初的阶段，接触和运动感觉是习惯形成的重要因素。观察一个成年人第一次尝试使用可见的打字机。他要打印单词CAT。他看了看键盘，当C刺激眼睛时，他按下键盘，然后看打印机的结果，接着重复上一个步骤，直到打完。活动的每一步由视觉启动。有些活动在很大程度上，以人们所学的方式执行，但大多数行为，不管在习得中使用的是哪个感觉器官，随着时间的推移，趋向于接近动觉阶段。一个有造诣的钢琴演奏者很少看他的乐器。速记员从来不看打字键，他的眼睛只看复印件。每一块肌肉既是感觉器官又是运动器官。

肌肉本身的脉冲部分地独立于所谓的高级感官的脉冲。当人们不得不在黑暗中行动时，或者失去了高级感官之一时，就能关注到这一优势。被取代的器官在人的行动中，像它们所代表的视觉或听觉刺激一样，启动一般的身体运动。

问题就出现了，在中枢神经系统中是否有类似的短路过程，皮层是否同时参与习惯的习得和表现阶段？可以想象，大脑皮层参与了习得阶段，但随着训练的进行，大脑皮层下部的中枢可能会缩短这一过程。人们普遍认为，在形成一种习惯的过程中，大脑皮层中所谓的感觉（和运动）区会参与其中，而且，如果要保持这种习惯不受干扰，大脑的这些部分必须保持完整。例如，假设在视觉-运动习惯中，皮层的视觉和运动区域必须完好无损，而在听觉-运动习惯中，听觉和运动区域必须完好无损。弗朗茨已经证明，失语症和麻痹症患者的神经（大脑）组织受到严重破坏，可能会形成相当可观的一组习惯——可以教他们说话、编织、缝纫和打棒球，即使他们的语言和运动习惯可能已经消失多年。拉什利和弗朗茨在研究大鼠习惯的形成过程中，提出了这样一种观点：整个大脑皮层（运动区除外）的任何一部分的三分之一被破坏，都不会严重影响动物形成习惯的能力。即便大脑皮层的大部分被破坏，习惯依然可以形成，因此造成的干扰并没有我们想象的那么严重。

迄今为止。弗朗茨观察到，如果一种动物（猫）的额叶中有一部分已经养成了一种习惯，那么这种先前习得的习惯就会消失，但是这种动物可以重新养成这种习惯并学习新的习惯。

行为的决定因素。——在成年人的生活中，每一个物体或情况都能唤起不止一种反应。一看到狗，我就会跑过去，或者吹口哨让它过来被爱抚。同样，有人看到动物，可能会去给它找吃的，或者给它戴上嘴套，或者拿起枪去射击。一个人受教育程度越高，他对周围事物的反应就越多。

我们曾收集过围绕某一情况和物体的大量反应的想法。这种对单一刺激的多种反应的可能性，使得人类在特定情况下的反应难以预测。这些习惯是灵活的，比如，在争论中，两个机智的男女之间的对话如同击剑术，或者是两个摔跤手或拳击手之间的交锋，反应的不断变化被认为是最有利的。反应的变化的作用如此之大，以至于"习惯"这个词乍一看似乎不太合适。但是，我们忽略了个人必须经过多年的训练才能进行各种各样的活动。如果我们能看到这种行为的发展，就会发现这种发展是渐进和有序的。既然有这么多可能的反应，那么在给定的刺激发生时，会出现什么反应的问题就成了我们必须考虑的问题。我们只能笼统地、概括性地回答这个问题。最有可能出现的反应是对象最近调用的反应。当近因不相关时，最常与客体联系在一起的行为最有可能被唤起。其行为很可能是与整个局势的一般情况联系最密切的行为。例如，与令人愉快的男男女女结伴远航时，可能一看到拿着小提琴的人就会手舞足蹈。但是，如果有几位传统的女士在早晨早些时候说过："今天是星期天，不许跳舞。"我们应该在某些场合表现出宗教行为、丧葬行为和婚礼行为。这种情况作为一个整体包围着我们，在这种情况下的每一个对象在当时只能被称为一种狭义的、适当的、传统的行为。最重要的决定因素是，在刺激事件发生之前的几个小时内，个体必须面对的情况，以及之前的活动所引起的情绪紧张程度，但短暂的内在有机因素极大地影响着人们的反应。比如牙痛、头痛、消化不良或晕船，可能使一个平常很快乐的人暂时失去正常的反应能力。对科学家来说，每一个新发现都是他工作勤奋和对事物敏锐度的最好证明；对受压迫的人来说，每一件新事物都是一种额外的负担，只会加重他的负担。

因此，我们看到，虽然各种反应的可能性几乎是无限的，但总是存在确定的因素，使行为合理化，并给它一个因果基础。从心理上讲，一个人只能按照他所受的训练和继承下来的弱点和长处行事。

注意或"记忆"明确的身体习惯

导语。——心理学中的"记忆"一词，如果能正确定义，是完全可以用来涵盖一系列广泛事实的。以我们正在考虑的显性运动习惯为例，一个人可以在短短几个小时的练习后学会用打字机每分钟打三十个普通的字。然后，学习者会停止一段时间的练习，可能是实验设置的原因，也可能是因为环境的变化。在那段时间结束后，他又开始练习。原始的学习分数被保留下来，并与现在获得的新分数进行比较。会发现原始的最后一个分数（或前几个分数的平均值），高于当前的初始分数（或前几个分数的平均值）。

我们可以把所有这样的习得分为三个阶段：

（1）学习阶段（原始习得）

（2）不练习阶段（放弃习惯的间隔时间）

（3）再学习阶段

在不练习阶段会发生什么？——有两种情况可能发生：

（1）各种肌肉和腺体的结合。习惯中作为整体的部分调整，开始在新的习惯系统中起作用。肌肉和腺状结构的调整不像无机机械的部件那样固定不变。只有在环境允许一定数量的运动的情况下，它们才会共同工作。

这些特定功能，一旦环境发生变化，一个特定的习惯不能被利用，其他的习惯就会被养成，这个有机体就会在一定程度上被改造。在改造的过程中，某些部分的活动组合起来形成了特定的习惯，并重新组合成一个新的整体。因此，当机体遇到旧的情况时，旧的反应虽然出现了，但在速度和准确性上却有一定的损失。换句话说，虽然一开始表现不如之前，但实际的再学习在所有方面都可与原始习得相媲美，且所需要的总时间却要少得多。

克利夫兰在他对国际象棋的研究中很好地证明了这一点。当学习者开始重新学习时，他就变成了另一个人；他带着一种保留的力量，以一种更高的情绪水平回到他的任务中，从受挫倾向的压力中释放出来，开始工作。在最初的两到三次练习之后，他的投篮成绩可能远远超过他以前在最初的学习中所取得的成绩。

（2）往往在最初学习阶段的后半段，学生在还没有达到生理上的技能极限时就"失去了兴趣"，放弃了练习。这可能是由于以下几种情况之一：

（a）试图在过快的速度压力下练习。

（b）学习者实践太长时间，过于频繁。

（c）实践时间过多，其他的习惯系统遭受挫败，例如，需求约定诸多特定行为，导致个人没有时间玩耍、参与社会活动、正常吃饭和睡觉、处理自己的家庭和工作。

我们可以把所有这些因素的影响结果归为"衰老"一词。可以说，衰老不是一个空泛的概念，也不是一个假设。在体育竞赛的训练中，这一点可以看得很明显。许多冠军在普通比赛中都因"衰老"而败北。在最近的战争中，在最积极的训练期间，空军中存在着这样一种"衰老"普遍现象，以至于专门安排了医生来处理这个问题。

记忆的其他内涵。——我们的讨论中，"记忆"涵盖的领域比心理学中所述的要大得多。首先，它有时被用于测试工作，因为它与一般的组织工作是并存的。在测试有缺陷的人和精神病患者时，要测试他们的阅读能力、复述出故事主要内容的能力，询问他们听到的故事的重要特点：重要的历史日期、重要的地理位置，还要询问他们的年龄和出生日期、家庭子女数量等。

这种测试虽然涉及我们使用的记忆，但实际上是对病人一般病体组织的随机抽样。记忆的使用和我们自己的记忆之间并非一定阻塞。所谓我们在实验室中狭义研究的记忆，通常是详细处理的一个功能，它的前提是我们原来学习中所得的分数，学习中所消耗的时间和该功能未行使的时间长度，以及重新学习的分数。当我们对个人的组织进行随机抽样测试时，我们手头当然没有这样的数据，也不是特别在意有这样的数据。我们对病人的测试兴趣的关键是其机体缺陷。这些数据使我们或多或少完整地了解到病人疾病类型的一般性质、数量和严重程度。换句话说，它是诊断的一部分。在获得这些数据之前，病人及其疾病没法得到更好的对待。

出于某种原因，记忆一词已经与语言活动的恢复，特别是与隐性词紧密联系在一起。心理学和流行语言都使用"回忆""回想""认识"等术语，以及一系列类似的术语来表达事实。在一段时间没有练习之后，人们却可以凭借习惯，看到如此清晰和明确的事实。实际上，在心理学的文献中，人们会发现这种狭隘的功能被抽象化、单独化和夸大，以至于非技术性的学生开始觉得整个心理学不过是对这些因素的讨论。我们此时应该准备好看到，孤立和放大任何特定功能的做法，完全不符合心理学——它是将人作为一个整体来适应环境的。

行为主义者对记忆的定义。——那么，在我们的定义上，记忆是一个总的术语，用来表达这样一个事实：在某些习惯——明确的身体习惯、明确的文字习惯、隐性的文字习惯——暂停一段时间的练习后，这个功能并没有丧失，而是作为个人组织的一部分保留下来，尽管它可能由于不使用而受到或大或小的损害。在一段时间没有练习之后，给予旧的刺激或情境，则学习阶段旧的反应肯定地、急剧地上升；或者不练习阶段上升但伴随着不理想的补充（错误）；或者再学习阶段的上升（如果有的话）有很大的损伤，以至于几乎没有组织可以注意到——再学习和学习一样困难。

这种定义上的"记忆"适合于用斧头砍树、打网球或游泳等显性习惯或功能，也适合于显性和隐性相结合的活动，如接收信息、打字、听写或大声说出童年时学过的一首古诗。同样也适合于纯粹的隐性习惯，如心算，或说出24小时前反复默读的一连串无意义的音节，或在长时间间隔后最终说出某个物体、人、地点、日期的名字。在上述最后一种情况下，为了避免被误解，我们需要补充说明，记忆并不总是通过命名或给一个词以表达来证明的；常常是面对我们已经一段时间不见的一个人，他的脸和身影的刺激不足以让我们叫出他的名字，但它确实足以恢复我们对他的旧态度，可能还有许多其他的旧反应。在说出他的名字之前，我们可以和他一起散步、和他交谈几分钟。直到声音、手势和旧情境相互加强，所有的旧反应才会出现。我们成为一个小团体。与这个人，最后一组活动是："约翰·史密斯！我们曾经在乔森维尔高中一起打过棒球！"就这样，"被遗忘"

的名字逐渐被记起。我们通过每一个相关的名词,"黑头发""蓝眼睛""六英尺[①]高"来使得"记忆"产生。

外显习惯的一般总结——我们在本章中介绍的材料表明,当我们考虑婴儿最初习惯的形成时:①当婴儿被置于一个他没有被调整的环境中时,他会表现出他的本能和反射动作。通过一个我们已经考虑过的过程,带来调整的必要的运动团体最终成为连接或相关的。每次这种情况在达到这一阶段之后出现时,只出现必要的调整动作。一种习惯已经形成。②我们进一步看到,当我们面对一个成年人还没有适应的环境时,他表现出来的不是稚嫩的、本能的动作,而是那些从过去的习惯组织中获得的动作。以成人为例,这些较大的群体显然是通过与婴儿本能和反射动作相结合的相同过程而组合成一个新的整体。③我们已经发现在相当长的一段时间内,对明确的习惯的记忆仍然相当准确,短时间的练习可以弥补记忆的缺失。

一个人不能高估外在的身体习惯系统的重要性。由于它们的确定性和持久性,它们成为人类整体组织的一部分,对人类来说就像结构部分一样必不可少。人们可能会把我们的习惯系统与现代工厂的发展进行对比。一百年前,制鞋的工厂所凭借的主要是一个由马匹驱动的老式磨坊,以及在地上挖出的一系列大桶,里面装满了水和磨碎的毛皮,用来制作皮料。还包括一些木制品、铁架、针、缝线、刀的机能,人力方面就是鞋匠和他的助手。随着时间的推移,在制造鞋子的过程中,每一次单独的操作都需要机器,所以现在这篇文章几乎不用手工操作。人类不能发展新的手、肌肉、腺体和手指来跟上文明的步伐,但是对他提出的每一个新的要求都应该发现他仍然是可塑的,仍

---

① 1英尺=0.348米。

然有能力形成必要的习惯使他能够满足它。

在下一章中，我们将讨论显性和隐性语言习惯的形成和保留，以及这些习惯的记忆。应该预先指出，这种区分纯粹是为了便于和清楚地表达。显性和隐性的语言习惯是与显性的身体习惯一起形成的，并与之紧密相连，成为人类有机体所形成的整体行动系统的一部分。它们存在于他所做的最简单的调整中，但很明显，如果我们想要为了表述而分离，我们可以很容易做到。我们可以看到语言习惯的功能在某些活动中出现，例如，游泳、用铅笔敲桌子。最后，在某些其他功能中，显性活动似乎几乎完全消失了，例如在心算中。在那里，明确的因素只表现为过度的运动，如皱起眉毛、闭上眼睛和摩擦前额，直到链条的最后一环到达，将答案用手写下来。这种隐秘的调整在思考中达到顶点，一个人可能会坐上几个小时，几乎没有任何明显的动作，最后宣布，"我决定放弃大学学业，开始商业生活"。

第九章

解释性和隐含性语言习惯的产生和回归问题

导言。——在前面的许多章节中，我们已经提到了显性和隐性的语言习惯。现在仍然需要分别仔细地研究这些术语。在语言活动被研究并与其他功能联系起来之前，我们并不能充分了解人类是如何执行各种任务的。人是一种社会存在，几乎从出生开始，语言活动就成为他每一次调整的一部分，即使这种调整不是针对社会状况的。我们以前对本能、情感和习惯的研究，如果没有在这些活动中给予语言应有的地位，就不能认为是完整的。显性和隐性语言过程以及其他与思维相关的隐性但非语言过程的主题是如此广泛，可以从如此多的角度和观点来探讨，以至于我们只能对其主要特征给予极其贫乏的描述。

语言的解剖学基础。——在整篇文章中，我们一直在谈论喉部的过程，就好像喉部负责所有的语言组织一样。这种说话方式是为了简洁而选择的。我们现在要补充的是，语言习惯的解剖学基础当然包括整个身体，尤其是头部、颈部和胸部的神经肌肉系统。稍微思考一下就会发现，以下部分在每一个口语单词中都是相互配合的：横膈膜、肺部和胸部肌肉；喉的外部肌肉和内部肌肉；咽喉、鼻子和上颚的肌肉；脸颊、舌头和嘴唇。当喉部仅仅被认为是控制声带的一种机制时，它是这个系统中最不重要的部分。当然，作为一种使人能够大声说话的工具，它是相当重要的，但作为个别功能来看，它相对不那么重要。

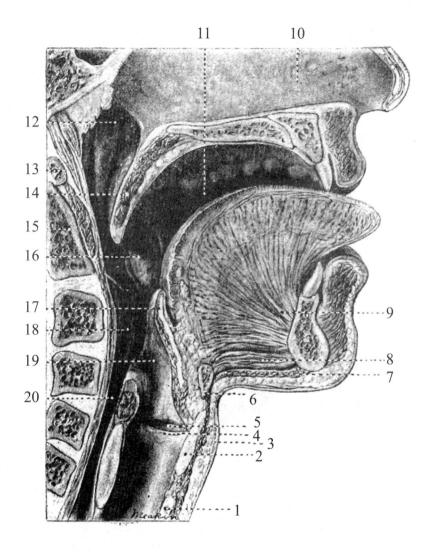

1. 脊索肌；2. 甲状软骨（胸腺软骨）；3. 喉结（喉结）；4. 声带（声带皱襞）；5. 喉室；6. 舌骨骨节；7. 机体样；8. 舌肌；9. 舌肌；10. 鼻中隔；11. 口腔；12. 鼻咽；13. 寰椎前弓；14. 软腭；15. 轴体；16. 扁桃体；17. 上颚；18. 喉咽；19. 喉前庭；20. 空腔

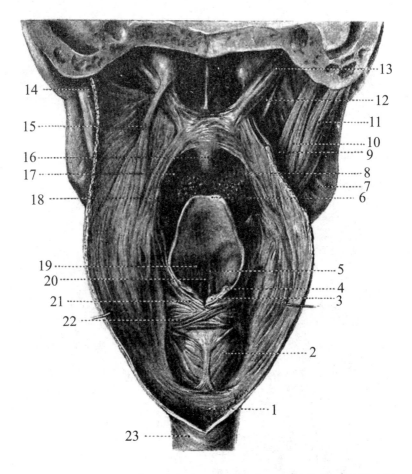

从后面看，显示出了喉部和咽部的肌肉。可以推断，咽部已经打开，黏膜和黏膜下层肌肉的连接已经显示出来。1.食管的环状肌纤维；2.后环杓肌；3.角质软骨；4.楔形软骨；5.声带；6.上舌骨；7.翼骨内侧；8.舌头；9.咽柱；10.咽柱；11.咽肌；12.舌骨骨节；13.上颚肌；14.咽缩肌；15.咽鼓管；16.小舌；17.扁桃体；18.咽鼓管腭部；19.心室包膜；20.声门；21.舌底肌；22.杓状肌；23.食道肌这种说法可能看起来有点不合适，因为我们似乎把这么多的注意力放在喉头上，但我们很快就会看到，声门和它的声带可以被移除，而不会严重影响试验者耳语的能力。

喉及其邻近部位的简要描述。——颈部和上胸部的解剖学是整个身体最复杂的部分。上图为口腔和咽腔及其相关结构图。在这个图中，请注意嘴巴部位，包括嘴唇、脸颊、舌头、牙龈、牙齿和硬腭，到咽部。鼻部通过悬垂的软腭和小舌与口腔区分开。咽向上延伸到颅底，接收鼻道的后开口，向下到达食道，在食道的第一级找到喉。我们可以把咽分为三部分：鼻、口、喉。由于喉结的存在，这个喉部本身很容易让我们知道它的主人是男性。这个突出的结构是甲状软骨，由两块板组成，在男性以90度角连接，在女性以120度角连接。喉悬于舌骨和舌骨之上。其骨架由三块对称软骨（甲状软骨、环状软骨和会厌软骨）和三块成对软骨（杓状软骨、角状软骨和楔形软骨）组成。特别注意会厌软骨，它位于喉头上开口的前面，向下突出在舌根的后面。会厌协助在吞咽过程中关闭喉口。在青春期之前，男性和女性的喉部都是光滑、纤细和相似的。这种情况在女性中持续存在，但在男性中则在第十三年左右发生大的变化。由于软骨的增大和增厚，喉变得突出。声带韧带也同样变长，因此可以发出更低沉的声音。

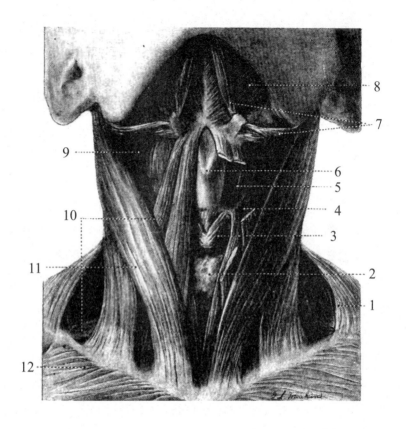

喉头区域的肌肉。6. 甲状软骨：这标志着喉部的位置。在雄性中，突出的交界处是甲状软骨。两边形成的软骨被称为"亚当的苹果"。

1. 斜方肌；2. 腺性甲状腺；3. 甲状腺；4. 胸骨锥；5. 甲状腺炎；7. 二腹肌支原体；8. 髓性关节炎；9. 长柄线；10. 舌骨；11. 胸锁乳突肌；12. 胸大肌

由于喉头作为一个整体被抬高或降低，声带被拉紧或放松，因此这些肌肉不可能单独运动。整个喉及其相关作用的学科已发展成语音科学，其中解剖学、生理学、医学、物理学和心理学都有贡献。一般来说，喉音的产生我们可以说①带有声带的膜性声门是发声的唯一部位。去掉声带，就不可能发出大家能听到的语言；②声带产生的空气振动从声门开始，传递到上下的空气，再传递到胸部。

声音改变的主要来源是声带上方的部分——喉前庭、咽、口和鼻。为了产生这种共振，必须有一种变化：这种连续腔的长度、宽度和形状的变化，以及喉头的上下运动、舌头、软腭、脸颊和嘴唇的变化。人的声音由三个半八度音程组成，很少有人能达到三个八度的音域。即使是一个很好的歌手，其有效的音域也很少超过两个八度。

这种声音局限于人。——正如我们在其他地方试图指出的，人与动物之间的主要行为差异——从生理的角度来看，是由口腔、咽喉和鼻子的共振腔中产生的一系列特殊的呼气和吸气声音组成。它不需要与喉音结合。在大声说话、哭泣或歌唱时，喉音与咽颊音相结合，但在低语时，即没有声音的低语时，就没有喉音。自1858年泽尔马克改进了喉部检查方法以来，喉切除术已经多次得以实践。自然，喉切除术的直接影响是大声说话的能力遭到摧毁，因为正常的演讲需要从肺部呼吸作用于喉。但只要肺部的空气可以通过口咽，微弱的低声讲话是可以实现的。当肺部和口腔之间的空气通道完全关闭时，就像喉部下方的气管被打开，病人不得不通过颈部的一个开口（气管插管）呼吸时，所有发音清晰的语言，甚至是低声细语都消失了。但是这些人仍然能够并且确实做出了所有必要的动作，来进行清晰的语言表达。这是对批评的回答，这些批评针对的是贯穿全文的观点，即思想是语言机制的作用。在我们检查喉头被切除的病例的历史中，我们没有发现任何可以严重质疑我们所提倡的观点的东西。如果破坏了足够多的感觉运动机制，使语言变得毫无组织，以及其他，很可能在某种程度上会导致病人的死亡。鉴于从理论的角度来看这一课题的重要性，似乎有必要对这些人进行深入的研究。到目前为止，对这些病例的观察都留给了缺乏理论基础的外科医生。

明确的语言习惯的形成

早期的反应和本能的反应。——出生的哭声开始了人类孩子的声乐生涯。这种哭声在不同的婴儿身上有明显的不同。关于婴儿早期的声音我们引用布兰顿夫人的论述：

即使是在一个有25个婴儿的托儿所里，一个婴儿的哭声通过一些练习也可以和另一个婴儿的哭声区分开来，就像老年人一样，他们的哭声也有所不同。M，第一天，u（cut），nah（at）重音在最后一个音节上，wah（at），wuh（cut），ha（at）。"饿哭"的节奏一般都很明显，第一拍的第一个音节是预备音的第一个音节，第二拍的第二个音节或重音在第一个拍的第二个音节，第三拍的时候快速吸气。这种方法最常以5或6人为一组重复，每组比前一组稍强一些，直到第四或第五组，最后一组较弱。因此，组也将重复。每一小节的音调都比前一小节高一点。

在头三十天里听到的声音。——通常听到的辅音是m与a连用，如ma(at)，n[nga(nat)]，g(gah)，h[ha(at)]，w[wah(at)]，r[rah(at)]，r(burr)，非常轻微的声音，和y[yah(at)]。

元音o是owl中的o，e是feel中的e，oo是pool中的oo，a是and中的a，a是father中的a（相对少见）。

布兰顿夫人对婴儿声音行为的研究是纯观察性的。对婴儿早期本能的发声器官还没有进行过十分令人满意的实验室研究。每个人都承认它是极其复杂的。至于不同种族的人，他们的本能反应在多大程度上各不相同，这是另一个值得思考的有趣问题。一个人只有在青年早期才能获得完美的外语口语知识，这一事实可能取决于喉部的结构变化，即从大约20岁开始的结构骨化。当然，也有人说，一门外语之所以难学，是由于缺乏适当的发声本能和差异造成的共振机制，等等。对此可能没有什么证据。

儿童是否具有与其他动物相对应的明显的声音本能，这一点是不确定的。流行的观点在这里给出了肯定的答案，即有明显的饥饿哭声、腹痛哭声和各种其他与情绪状态相关的哭声，如咯咯声、咕咕声、咿呀呀声和其他许多哭声。我们在强烈的情绪刺激下发出的许多清晰的声音可能是声音本能的直接表达，也就是说，它们不是传统的言语词（或者不是起源于），而是直接的本能反应，例如，"哦""拉""哈""啊"，婴儿在很小的时候就能清楚地显示出声音的个体变化。一个人很快就学会给正在哭泣或正在表演其他声乐动作的孩子起名字。

早期的习惯。——实验室还没有对早期的发音习惯和语言习惯的形成进行有用的研究。区分说话习惯和语言习惯是很有必要的。所谓发音习惯，就是指非本能型语言的发音。这个词指必须学，但它可以像鹦鹉学舌那样学。它还没有与其他声音动作和一般的身体动作联系起来。

一般观察表明，最早的显性词习惯就是这种类型。这些早期的用词习惯与其他显性习惯形成的方式大致相同。婴儿从他的本能指令开始，不同的词语行为以同样的方式和过程被固定，成功的行为以同样的方式和过程被固定在任何其他习惯中。另外一个因素似乎是模仿。模仿在习得手工习惯中起着非常小的作用。在实验室里，我们曾多次尝试让10~18个月大的孩子模仿一些简单的动作，比如把一只手平放在桌子上或把两只手放在一起，但都没有成功。同样的道理也适用于孩子的各种身体行为。显然，模仿手和一般的身体动作要等到婴儿已经学会一些协调性的动作才能开始。换句话说，模仿不是一个可以形成新的（基本的）协调的过程。在发声行为方面似乎有所不同。模仿似乎是一个与行为的建立直接相关的过程。当然，父母会观察每一个接近清晰发音的新声音，并立即说出最接近孩子发音的单词（例如"ma""pa""da"）。这里的模仿可能比真实更明显。也就是说，父母通过不断重复声音来刺激婴儿的发声机制。家长的话是否能套上机制是值得怀疑的。在这里，我们可能会被指责与一个稻草人战斗。当然，在孩子们通过阅读和指导学习构词法的基本原理之前，通俗意义上的模仿是他们学习一个新的传统词汇的唯一途径。

早期的语言习惯。——声音的行为或习惯，只有当它们与胳膊、手和腿的活动相联系并可替代时，才会成为语言习惯。这可能比任何假设的大脑结构的改变更能解释语言习惯相对较晚的形成。只要孩子还待在婴儿床里，或者在母亲的怀抱里，或者整个家庭都在照顾他、预测他的需要，他就没有必要去发展语言。如果我们在真正的语言习惯形成之前就检查孩子的身体习惯，我们会发现他们可以对数百种物体和情况做出适当的反应，例如，他们的洋娃娃、瓶子、积木、拨浪鼓和许多其他的东西。这种环境正在变得复杂。如果想要在这样的环境中保持自己的地位并取得进步，简短和短促的行动是必要的。

让我们用一个部分假设性的例子来说明真正的语言习惯是如何形成的。我们会认为，由于这样或那样的原因，一个孩子的玩具被放置起来，并掩盖起来。"他在这种情况下会怎么做？"本质上就是动物饿的时候会做什么。儿童开始普遍的不安分运动，其中语言结构的运动表现为"无目的"的发声。在成长的那个阶段，他的喉咙的形成是如此特殊，以至于经常发出一种特殊的声音（为了说明目的，让我们说"塔塔"）。他边走边发出这种声音。服务员知道孩子的玩具范围和他玩某个玩具的频率，就能预测出他想要一个旧的布娃娃。她找到了，递给他，说："这是你的塔塔。"重复这个过程足够长的时间，"塔塔"将总是用于布娃娃，以及寻找布娃娃的时候。当然，这一过程在一天中会不断重复。这个词与寻找玩偶的行为联系在一起。这样，婴儿词汇就成长为第一种真正的语言组织形式。这些词汇中有很多属于每个孩子的词汇，比如作为关注个人需求的信号的咕哝或咆哮。因此，说话习惯是条件反射的功能水平（发音习惯）加上后来的联想连接的词时，与身体的习惯联系起来的词所代表的对象（真正的语言习惯）的一个例证。为了进一步说明我们的观点，我们可以举一个例子：一个孩子有一个放玩具的盒子，他经常打开、关闭和把东西放进去。护士观察孩子的反应，当他双手触碰时，说"盒子"，当孩子打开它时说"打开盒子"，关闭时说"关上盒子"。这样一遍又一遍地重复，直到条件反射完全建立起来。随着时间的推移，他面对盒子时，原先只有身体的习惯，现在开始有喊出单词的习惯。别人把盒子递给他的时候他说"盒子"，别人打开盒子的时候他说"打开盒子"。可见，盒子现在变成了一种刺激，能够释放身体行为或话语行为，或两者都释放。

在视觉、咽喉和喉部肌肉之间建立了一系列的功能连接，这些连接与先前已经建立的连接一起存在，这些连接从相同的受体延伸到手臂和腿部肌肉。当盒子出现时，会发生什么动作？手动或喉头动作。

正是在这一点上，环境对语言习惯的形成和强迫的影响才显得格外明显。有时，盒子看得见，却够不着。手上的动作被阻挡。他说话"呆板"，可能在屋子里说个不停。服务员听到了这个词，赶紧把它放在手里。针对这种情况的重复夜以继日，不仅对这个对象，数以百计的其他孩子学习并能说出的话，是因为有足够的刺激，针对他的对象的名字而不必实际执行身体动作。语言习惯已经取代了身体习惯——现在他可以用一个词让成年人动起来——他的咕哝、咆哮。对婴儿来说，词语就是法律。他们试着统治这个新获得的王国的暴政，与历史上的少数几个头戴王冠的统治者的暴政是一样的。

这大致标志着我们所说的真正语言习惯的形成。这是一个非常不充分的说明，但我们不得不止步于此，直到在实验室里对这一过程进行了更仔细的研究。简单语言习惯的形成往往伴随着许多冠冕堂皇但毫无意义的短语。例如，有人说，语言纯粹是社会性的，而词汇的产生只是因为人是社会性的存在。这是完全正确的，在一个方面，即，除非孩子周围的人使用传统的文字形式，他永远不会得到听觉和视觉刺激，这将导致这种习惯的形成。另一方面，就其形成的方式而言，它们并不比上一章所描述的身体习惯更具社会性。

语言习惯的迅速形成。——当然，孩子词汇量的增长只是培养真正的语言习惯的一个粗略的衡量标准。它使用许多属于条件反射水平的词汇活动，而不是高度整合和相关水平的成年人。

儿童的词汇量以惊人的速度增长。德莱弗最近研究了三个孩子，两个男孩子和一个女孩子。测试时间被限制在10天内。其中一个男孩子，54个月大，词汇量为1712个单词（如果包括专有名词则为2000多个）。另一个男孩子，43个月大，词汇量为824个单词。女孩子28个月大，词汇量为354个单词。鉴于有许多单词是不能被注意到的，德莱弗说把他们各自的词汇量分别记为2000个、960个和400个似乎是公正的。贝特曼研究了大量的儿童，他说9个1岁的婴儿平均拥有950个单词；其中23人在24~28个月大时平均使用441个单词。

隐性语言习惯

从显性语言到隐性语言的逐步过渡。——在语言组织中，孩子们是在什么时候从显性语言过渡到隐性语言的？可能这三种形式从一开始就同时存在。孩子之所以健谈，可能是因为他们在很小的时候，所处的环境并不会迫使他们迅速地从显性思维向隐性思维转变（他们确实是在自言自语，许多所谓的精神分析因素也在这里出现）。这种转变甚至在成年人中也不完全存在。这一点从人们阅读和思考时的观察中可以清楚地看出。许多人在阅读的时候，虽然没有清晰的发音，他们的嘴唇与眼睛的动作是一致的（或者更确切地说，嘴唇与眼睛的动作是一致的，就像大声朗读时的声音一样）。一个好的唇语阅读者，实际上可以收集这样一个人读过的一些单词。当思考的时候，许多人使用清晰的言语，甚至是唇语，就像读者刚刚描述的那样。同样，有些人在独处或面对一个比自己差很多的人时不停地自言自语，他们永远无法完成过渡阶段。我们认为，公开语言是在社会训练下发展起来的。它因此被吸收，成为个体整体的一部分。因此，当他在没有其他同类存在的情况下做出调整时，语言仍然是过程的一部分。但是，当他独自一人的时候，他没有大声说话的动力；事实上，在这种情况下，大声说话会带来相互冲突的刺激，听觉刺激会打破原本寂静的房间。因此，无声的谈话在实践中得到了迅速的提高，因为它是在醒着的时候,当然也在许多睡眠的时候进行的。通过实验,我们发现,在获得一般身体技能的过程中,每一种可能缩短动作、提高速度和技能的捷径,最终都是在反复试验中被个体偶然发现的。有时我们注意到这种进步,并将其用语言表达出来,但通常我们既不说"不",也不会说"不",直到很久以后才学会它。同样的事情毫无疑问地发生在沉默的谈话或思考中。即使我们可以推出隐性的过程,并记录在一个留声机圆筒中,它们将是如此的简短以至于无法识别。

非语言形式的思想。——从我们的立场来看,没有必要假设所有的"思想"都是喉部的,即使我们使用"喉部"来描述整个机制。我们已经学会了写单词、句子和段落,学会了画物体,学会了用眼睛、手和手指来描绘它们。我们经常这样做,以至于这个过程变得系统化和可替代。换句话说,它们是作为刺激物来替代所看到的、画的、写的或处理的物体的。这些隐性的过程可能会产生一个沉默的词(思想词),一个说话的词(物体的名称或相关的词),或一个适当的身体行为。这种形式的隐性活动被认为对聋哑人或盲人等非语言个体最有利。我与这些人长期进行了一些通信。经常与这种缺陷者交流的观察家们表示,如果仔细观察聋哑人,可以经常看到与正常人阅读中的唇部活动相对应的手语。当然,即使在这种情况下,也有一个从显性手语到隐性手语的快速过渡。当显性的东西转变为隐性的东西时,就需要用仪器来观察这个过程。

现在应该清楚了,我们不会把显性的或隐性的语言,或其他隐性的思维过程,从它们作为一个整体的过程整合的一般背景中抽象出来。我们现在对它的强调可能导致了这种观点。我们之所以强调这一点,是因为心理学家作为一个群体,并没有将思维与整合过程的其余部分联系起来。他们已经把它分离出来，使它不同于我们现在所熟悉的组织过程。有些作家把它完全神秘化了。我们可以谈论和讨论，我们可以观察它的表现，但我们永远无法发现它的本质。其他人考虑过与大脑皮层活动相关的过程（一个常见的假设）。他们认为，在没有明显的所有肌肉活动的情况下，没有人确切知道这是一种什么东西。如果我们的观点是正确的，它就是每一个调整过程的组成部分。它在本质上与网球、游泳或其他任何公开的活动没有什么不同，只是它隐藏在普通的观察之外，就其部分而言，它比我们最大胆的想象更为复杂，同时也更为简略。

更详细的分析思考。——思维应该普遍地包含所有的隐式语言活动和其他可以替代语言活动的活动。[此外，应该承认，在适当的刺激下（通常一个要求就足够了），可以使受试者更深入地思考。]思考包含用任何语言或材料的非发声行为，如诗歌的隐性重复、做白日梦、用逻辑术语重新表述词语过程、口头复述当天的事件，以及对明天的隐性计划、口头解决生活中的难题。这里的"语言"一词必须足够宽泛，以涵盖言语活动可以替代的过程，如耸肩和扬起眉毛。它必须包含书面文字所包含的隐含动作，或聋哑手语使用手册所要求的隐性动作，这些动作本质上是文字活动。思考可能会成为我们所有潜在行为的通称。很明显，这个定义可以处理我们的语言习惯中最机械和最根深蒂固的部分，比如那些在儿童诗歌的潜声重复中使用的，诗歌节的重复，寓言等；那些更依赖于情绪刺激，如白日做梦的人；以及那些不完全习惯的语言过程，如演讲、读一本书……很明显，如果为了从系统心理学方向明确表述，我们需要对整个思维过程进行细分，就会明显出现三个方向：

1. 单纯改变发声习惯，其词序是不变的。比如韵文、名言，又诸如数学上的许多公理：2加2等于4、9的平方根等于3，等等。当一个能够解决的新情况在前几次出现时，这里没有新的行为，没有像我们在公开的手工活动中看到的那些试探性的动作。这种思维对应的是一种极其简单的刺激和反应类型的行为。最初几次时，这种想法对应于一种极其简单的刺激和反应类型的行为。同样，白日做梦也属于这一类。我们假设这样的梦是在缺乏某种刺激的情况下发生的：例如缺乏性活动、缺乏食物和水、缺乏习惯的环境和伙伴、缺乏药物，甚至在药物的影响下。

2. 解决那些不是新问题，但很少遇到的问题，因此需要尝试言语行为。可能通过对诗节的思考来说明，部分被遗忘了。试图将一个又一个数学公式应用于手头的一个特定问题。所有的部分过程都是由个人遇到的，并且是他的组织的一部分，但是他不能像机器一样方便地使用这些过程。

3. 最后我们有了上述第2个方向的极致延伸。这里的问题是新的，有机体在面对这样一个问题时处于一个严重的情况。例如，我们假设一个人突然失去了他的地位和财富，必须在几个小时内准备好在新的事业中明确行动。人们认为，问题的性质是这样的，必须加以解决。在任何公开行动发生之前，先进行口头沟通。这种类型的例子数以百计。在一个人的生活中出现的、大多数真正的社会和道德问题正是这种类型。

这些细分实际上是对可能发生的事情的猜测。目前还没有科学的划分方法。此外，应当明确指出，以上述任何一种形式进行思考，都不是一个孤立的过程。一个人的活动永远不会离开他的记忆，有机体所处的各种有机的和情感的状态必然对他的思维过程产生巨大的影响。所以我们再次强调思考，无论其类型是什么，都是一个完整的进行过程。

可能没有多少学生会把前两个方向归入"思考"一词。"思考"已经被认为是我们的第三个部分,但没有合理的理由。当我们的实验对象(第一次)学习操作最复杂的机关枪装置时,我们使用"手工活动"这个术语来表述。在我们看来,第三个方向代表了人类的一部分行为,当剥去它的不必要的部分时,它的行为与老鼠第一次被放入复杂的迷宫时的行为完全一样。当它吃到食物时,自主神经的活动就会减弱,进入睡眠状态。缺乏刺激、缺乏食物、缺乏通常的环境等,停止运作,调整完成。

同样的事情肯定也发生在人类身上,他们是一个个拥有言语行为的动物。如果他遇到类似的情况,比如,他的老板问他:"你会怎么处理这种情况?"——向他描述一些条件——如果情况确实是新的,那么试错思维就开始了。让他自言自语。注意他是如何在言语上东拉西扯的。"不,我不会那样做,因为X、Y和Z。"过去的言语组织一直在引导和刺激他,就像线索控制迷宫中的老鼠一样。只要在思维发展中达到一个点,使纠缠的冲动远离、停止,那么调整就完成了。它可以采取公开行动的形式,如手臂、手、腿和躯干;它可以用潜台词表达;也可以用"判断"的形式在言语中大声表达。它可能是"正确的",也可能不是(而是逻辑的、道德的等)。当老鼠打开盒子时,它可能正在吃难消化的或有毒的食物,或者是缺乏维生素的食物。它的问题得到了解决,因为来自胃的持续刺激已经消失了。人的口头结论和判断也是如此。一旦他做了一个口头(或其他)的反应来缓和,调整就完成了,问题也就解决了。"只要马斯做出了语言(或其他)反应,就将导致艾拉消亡,某种东西刺激他进行下一步的语言活动。"

思想的例证变得显而易见。——通过使受试者大胆思考，可以获得有关思考行为的大量知识。通常一个科学家是很乐意带着兴趣去做这样的实验的。如果我让我的实验对象大胆思考，他会公然用利默里克女士、他的白日梦或他的数学答案来回答。同样的，如果我让他在第二章大胆思考，我注意到他在这里和那里的犹豫、错误的开始和偶尔的返回，但总的来说，一个准备相当好的反应发生在错误相对较少的时候。只有当我们要求他在上面第三节中大胆地思考时，我们才开始明白思考的过程是多么的粗糙。这里我们可以看到迷宫中老鼠犯的所有错误的典型代表。错误开始出现，情绪因素就会表现出来，比如垂头丧气，甚至在闻到假气味后会脸红。受试者一次又一次地回到他的出发点，正如他的提问者所示："你所给定的事实是某某？"实验者回答："是。"然后受试者再次开始。在进行这类实验时，一个人必须小心地把问题强加给他的受试者，这些问题要尽可能远离被压抑的情绪因素。当然，正如分析师们不止一次所指出的那样，完全做到这一点是不可能的。下面的例子将阐明公开思维中出现的一些要点。

我的一个同事来拜访我，住在我公寓的一个房间里。在通往淋浴间的通道里，有一件靠近水池的奇特装置。它是一个大约12英寸宽，20英寸长，呈弧形的浅镍盘。盘的一端被弯成半圆形，另一端的边沿没有完全展开。盘子安装在可调节高度的架子上。此外，盘子本身附在一个球和插座连接的地方。我的朋友从来没有见过这样的东西，他问我这到底是什么东西。我告诉他我正在写一篇关于思考的论文，并请求他大胆地把问题想出来。他轻松愉快地参加了实验。我将不记录他所有的错误开始和返回，但我还是会画一些草图。

"这个东西看起来有点像病人的桌子，但并不重，盘子是弧形的，还连着一个球和插座。它永远也盛不了满满一托盘的菜（切成小块)。这个东西(回到起点)看起来像是一个发明家的失败作品。我想知道房东是不是发明家。不,你告诉我他是城里一家大银行的搬运工。这个家伙的身躯像房子一样大,看起来更像职业拳击手而不是机械师,他的手永远无法从事发明家的工作。"(再次空白)。

这是我们第一天的行程。第二天早上,我们一点也没有找到解决的办法。第二天晚上,我们讨论了看门人和他妻子的生活方式,话题是一个月收入不超过150美元的人怎么能像我们的房东那样生活。我告诉他,他的妻子是个美发师,每天挣8美元。然后我问他,当我们进去的时候,他有没有看到门上写着"理发师"。第二天早上从浴室出来后,他说:"我又看到了那鬼东西。""这一定是用来给婴儿洗澡或称体重的东西——但他们没有孩子(又死啦)。""它的一端是弯曲的,所以刚好适合一个人的脖子。啊!我有它!这条曲线确实适合颈部。你说的那个女人是个美发师,把锅放在脖子上,头发就摊在上面。"

这是正确的结论。一到那里,我们就笑了,看了一眼后立即转向了别的东西。(相当于在搜寻之后才找到食物。)

认为隐性思维的过程在进行,是行为主义者的权利。——尽管我们可以使我们的试验者自言自语,从而在很多情况下观察思维的过程,但是铁钦纳在很多年前就提出了异议:"行为主义者既然不能直接观察到思维,又怎么知道有思维这样的过程呢?"铁钦纳认为,所谓的行为主义者,并不知道思维这种东西的存在。内省主义者声称,行为主义者首先使用内省的方法来寻找思想,一旦找到了思想,他就会闭上眼睛,背弃他原来的方法,开始将过程具体化。用科学的通用语言来表达,换句话来说也即是,他仅仅把它描述为喉部或其他运动过程的功能。

行为主义者的回答是，他目前只能通过广泛的逻辑推理得出这个结论。在这些情况下，反应的刺激不是直接而是历经一定过程再出现在某种形式的明确的口头或手动行为中，可以肯定地说，有些事情确实在进行。让我们先看一个手动的例证。我递给一个朋友一个金烟盒，它必须通过按下一个秘密弹簧才能打开。我告诉他，如果他能不使用暴力打开这个箱子，他就能拥有它。我观察了他两分钟，注意到他那杂乱无章的试探性操控动作。他没能在这段时间打开它。然后我把他单独放在一个房间里，告诉他一打开门就出来。30分钟后，他微笑着出现，打开了盒子。既然盒子上没有暴力的痕迹，行为主义者便有权利认为，试验者继续工作了，他曾接受过处理此类问题的训练。而且，他在空房间里的行为与他在接受直接观察时的行为基本相同，仅仅因为对他的行为的观察的不同，便有了不同的结果。所以只要他不被观察者发现，任何人都无权认为过程中发生了任何不同或不寻常的事情。我们可以毫不犹豫地把我们主体的这种行为，称为手工思维或非语言思维。但某种程度上说，也没有太大必要，因为我们的试错学习、习惯的运作等类别已经够多了。我们在这里提出手工思维，是为了表明它与下面所描述的那类行为的完全同源性，而这类行为更普遍地被称为思维方式。

假设我不是给他一个可以通过手工试错操作来学习的问题，而是说："如果你在一次事故中突然失去了双臂，你的社会关系和职业生活将会怎样？"在大多数情况下，我们是安全的，这样的问题也就没有发生的可能。到目前为止，他一直是面不改色，不能作任何充分的说明。假设我们坚持这样的提问。一个小时后，他可能会给我一个相当全面的答复。当然，行为主义者有权假设，隐性语言活动等在这一小时里会发生。如果我把他留在一个没有明显出口的房间里，突然在外面大喊"着火了"的话，他就会发生明显甚至激烈的身体运动。我们可以推断，从婴儿期开始，语言活动的发展就是为了适应这种情况；因此，在他明显不动的时期，他使用了隐性的语言过程。（注释：换句话说，因为我们认为解释是简单而直接地和充分地考虑到所有的事实和符合什么实际上可以观察到其他活动，吝啬的律法要求坚持"意象"和"无形象的思想"的人应该显示的需要这样的"过程"，证明其存在客观。为行为主义者说句公道话，我们应该承认，通过条件反射的机制，那些通常不会对其产生视觉反应的词语甚至物体，可能会引起眼睑、眼部肌肉、瞳孔甚至视网膜本身的肌肉反应。正如我们在其他地方指出的那样，显然有相当多的证据表明，视网膜上有离心神经元件。这个位置是高度推测性的，但它确实给了我们一种可能性，无论如何，在没有实际光线的情况下，解释视觉刺激成分的可能性。也许这种有机内唤起的视觉成分在整个刺激情境中比一般所承认的要重要得多。眼睛动作电流中发生的微妙变化为这一观点提供了一些支持。现在由斯温德尔的工作建立的延迟已久的后像的出现也支持它，就像在普通的后像中出现的现象、幻视、眼睛电刺激、幻觉、梦等。在耳朵的情况下，是否会发生类似的情况还值得怀疑。据我们所知，进入内耳的盖膜和基底膜的离心神经元件的存在尚未被发现。从理论的观点来看，这种视觉反应和"视觉形象"之间的区别是很重要的。彻底的一元论和彻底的二元论是有区别的。）

K. S. 拉萨里博士的一些未发表的实验结果开始接近一个科学的证明，即在隐性思维中进行的反应与在更明确的语言反应类型中进行的反应基本上是相同的。有了精准的仪器之后，他能够证明，公开但低声地重复一句话，在咽鼓上产生的痕迹完全是相同的。除了振幅与他在讲述时获得的振幅相近外，其他都差不多。受试者在不做公开动作的情况下，也会有同样的想法。他能够反复验证这一点。另一方面，如果他获得了一个标准的对一个句子的描摹，然后让受试者做其他工作，然后回来让他思考这个句子，那么这两个描摹就没有明显的对应关系（原来的组织已经改变了）。这并不是反对我们观点的论据，如果我们回想一下喉部和咽喉的肌肉组织是如何变化的。拿着笔，我们可以用十几种不同的组合写出同一个单词。我们可以通过许多不同的肌肉组合来表达或思考同一个单词。

行为主义者不必再害怕承认。试验者自己可以观察到在明显不动的时候，他使用的词和句子。（而且有一部分时间，由他自己决定的时候，他不知道自己在用什么！）比如承认试验者可以观察到他自己在砌砖或弹琴。我们在其他地方承认了口头报告的方法，但同时又坚持它在科学上的不可靠性。要想知道关于我砌砖的任何有科学价值的事情，我们必须找一个其他什么观察者来用电影或其他方式记录我砌砖时的每一个动作。换句话说，科学结论需要工具。我可以粗略地观察到，在我一天的工作中，我已经把一堵四英尺高的墙竖起来了，但是我无法确定我做了多少无用的动作，也无法确定这些无用的动作是如何通过改变我的工作方法而消除的。显然，思维也是如此。受试者可以观察到他是在用语言思考。但无论使用多少语料，他的最终提法在多大程度上受到隐性因素的影响不能用语言表达，而且他自己也不能观察到，不能由主体自己陈述。

我们在这里要强调的一点是，如果我们想要在科学上了解更多关于亲密关系的知识。对于思想之外最终的结果——即通过观察公开的口头表达行为或公开的随之而来的身体动作——我们将不得不求助于工具。要使这样一件事成为可能，时间似乎还很遥远。在等待的过程中，行为主义者有足够的时间来充实自己。再说，他的处境也没那么糟。生理学家在许多情况下不得不满足于他们对最终结果的观察。我们知道很多影响腮腺功能的因素。我们数一数在不同刺激条件下它分泌的唾液。我们分析发生的化学变化等。但是腺体本身发生了什么我们不能说。也没有人会冒失地认为，因为这个原因，腺体就没有生理学。我们可以推测腺体内部发生了什么，无条纹的肌肉组织的功能是什么，为什么溶液现在是厚的，现在是薄的，如果这样或那样做，腺体是否会分泌。但是，这些有价值的推测必须以某种方式表达出来，这种方式不会导致形而上学的幻想，而是导致某种实验性的攻击。如果它们不会导致实验性的攻击，那么没有哪个生理学家会长久地使用它们。行为主义者认为，我们在思考方面的立场是完全相同的。

"意义"是一个实验问题，而不是哲学或思辨心理学的问题。——对这种思想观念的主要批评之一是"它不能解释意义"。尽管当前的内省心理学没有对意义的解释，这种批评还是被严肃地催促着。当结构心理学试图把一个"意象"变成另一个"意象"时，它就会在词的海洋中无处不在。

行为主义者认为"意义"问题是一个纯粹的抽象概念。它从不出现在对行为的科学观察中。我们观察动物或人类在做什么。"指的是"他所做的事情。在他行动的时候打断他，问他是什么意思，既没有科学意义，也没有实际意义。他的行动表明了他的意思。因此，应穷尽行动的概念——通过实验确定一个给定的对象在给定的个体身上所能唤起的所有有组织的反应，便已经穷尽了该对象对该个体的所有可能的"意义"。要回答"教会"对人的意义，就必须把"教会"看作是一种刺激，并找出这种刺激在一个特定的种族、一个特定的群体或任何一个特定的人身上所引起的反应。与这个问题类似，我们可以讨论另一个问题——为什么教会会发出这样那样的关于意义的回应。

这可能会把我们带进民间传说，带进法典对个人的影响，带进父母对孩子的影响——甚至是乱伦情结、同性恋倾向等。换句话说，它就像心理学中的其他问题一样，是一个需要系统观察和实验的问题。我们之所以强调这些关于意义的一般性陈述，是因为人们常说，思考以某种特殊的方式揭示了意义。如果我们把思维看作是一种行动的形式，在所有的本质方面都可以和手工的行动相比较，那么这种关于思维意义的思考就失去了它的神秘性和魅力。

行为主义思想的概述。——思考在很大程度上是一个"言语过程"。偶尔，表达性的动作（手势、表情等）会取代文字动作，成为整体隐性活动的一部分。狭义的思维涉及学习，是一个反复试验的过程，完全类似于手工的反复试验。语言操作沿着一条线被检查和停止，一条新的线被开始，其原因与手动学习中检查和开始的过程完全相同。当作为思维过程的最终结果而出现的最后的词组（句子或判断）或显性的身体反应使最初的思维刺激无效时，思维调整就出现了；也就是说，最后的反应，无论是口头上的还是其他的，这样就改变了机体作为一个整体的一般状态，原来的刺激因素就不能再作用于主体。在饥饿的猎人急切地寻找猎物的过程中，可以算是粗糙思考的恰当例证。他找到它，抓住它，准备吃它，点燃他的烟斗，躺下。野兔和鹌鹑可能会从灌木丛的某个角落窥视他，但他们的驱动力已经消失了。

语言组织工作研究[1]

语言功能中的调查类型。语言的习得，包括显性的和隐性的，只是在实验室里偶然地研究过，而且通常是以高度组织性和全局性的形式进行研究，如解决数学问题、背诵韵文和散文。之后再对这些活动进行重新测试，以获得废弃因素的衡量标准。除此之外，有些研究则直接涉及外语的学习。我们在这里更直接关心的是对单词组织的调查。对成年人进行的几项研究中，艾宾浩斯的实验最为有名。1885年，他对无意义音节的学习做了最仔细的研究。无意义的单词或音节是由两个辅音和一个元音分开构成的，如ver、gax和moc。凡是通过这种组合形成的常规词都会被丢弃。我可以造出大约2300个无意义的词。这样做的目的是使材料在难度上趋于一致，而没有广泛的联想联系。学习它的试验者几乎是在一个婴儿词汇量水平上运作的。这些无意义的音节可以是短的，也可以是长的，并通过眼睛或耳朵呈现给试验者。试验者让受试者反复练习，直到达到一定的熟练程度。通常来说，除非研究过度训练的效果，否则，得到的标准是能够无误地按顺序重复整个系列一次的。一些后来的研究者要求能够重复整个系列两次。关于这种结论，可以给出以下的总结：

1. 系列的长度和学习的时间。——艾宾浩斯提出的第一个观点是，学习一个长系列比学习一个短系列要花费不成比例的时间，例如，他发现一次阅读可以学习七个或八个音节的系列。下表列出了随

---

[1] 空间限制使我们不愿对写作的获得进行任何讨论（Judd，Freeman和其他人）；关于阅读中情绪的相关作用的研究（贾德、霍尔特、休伊等人），或关于聋哑人在有无盲的情况下各种语言习惯的形成的研究。所有这些领域的研究都为我们提供了语言组织的一般数据，以及喉部动作与人工的联系数据。关于语言缺陷的病理文献以及口吃和结巴的功能缓解也很有贡献。

着系列中音节数量的增加所需要的相对较多的工作量。

一连串的音节数	第一次无误差生产所需要的重复次数
7	1
12	16.6
16	30.0
24	44.0
36	55.0

后来的调查发现，更长的系列没有如艾宾浩斯的研究结果所显示的那样，需要的时间几乎不成比例。

2. 感性材料的获取。——同一个人学习了拜伦的《唐璜》中的诗节。每一节都无须重复到第八次，学习者就能正确地背诵。每个诗节包含八十个音节。然而，每个音节平均不到三个字母。如果我们对比学习八十个音节所需要的表示形式的数量，这些音节被分成普通的单词，和学习八十个无意义的音节所需要的表示形式的数量，我们会发现意义材料所需要的相对较少。艾宾浩斯估计，如果一系列36个无意义的音节需要55次重复才能学会，那么80~90个音节至少需要80次重复。既然感性材料只需要大约9次重复，那么学习感性材料只需要大约1/10的无意义语言材料的练习。

3. 在无意义序列中改变音节顺序的效果。——无意义的语言材料给我们提供了一个有趣的机会来检验人类学习的一些基本事实。当任何给定的连续事件或对象被连续呈现时，各部分按给定的顺序学习。我们已经在前文中对这个问题进行了一定程度的讨论，我们发现顺序是决定下一步行为的最重要因素。换句话说，如果一直学习的顺序是：A、B、C、D、E、F，且个人现在执行E，在其他条件相同的情况下，毫无疑问，我们可以预测接下来是F。问题的关键在于，E是否是F的唯一决定因素，从对无意义语词的研究中，我们已经得到了确凿的答案。E不仅是F的一个限定词，而且在不同程度上也是D、C、B、A的限定词。为了检验这一点，艾宾浩斯在某一天学会了几个系列的无意义音节，然后从这些曾经学过的无意义语词材料中编出几个新系列。其中一个新系列是跳过一个音节，另一个是跳过两个音节，这样一直到跳过六个音节。下面的方案就能说明这一点。我们用罗马数字来表示曾经学过的各个系列，用阿拉伯数字来表示这个系列中各个成员的位置，如下所示：

Ⅰ(1)　Ⅰ(2)　Ⅰ(3) ························· Ⅰ(15)　Ⅰ(16)
Ⅱ(1)　Ⅱ(2)　Ⅱ(3) ························· Ⅱ(15)　Ⅱ(16)
Ⅵ(1)　Ⅵ(2)　Ⅵ(3) ························· Ⅵ(15)　Ⅵ(16)

"跳过一个音节"系列内容如下：

Ⅰ(1)　Ⅰ(3)　Ⅰ(5) ······ Ⅰ(15) Ⅰ(16) Ⅰ(4) Ⅰ(6)—Ⅰ(16)

当然，也可以用同样的方法，跳过两个音节、三个音节等。如果音节仅仅按照它们呈现的顺序来学习，而每一个后续行为的决定因素仅仅是刚刚之前的行为，那么通过跳过系列而形成的系列应该和原作一样难学。但事实绝非如此。所有的"跳过"系列都比它们所组成的六个原件的平均值更容易学习。下表为结果：

按原来的顺序重新学习：	
24小时之后	节省了33.3%的时间
跳过1个音节再学习	节省了10.8%的时间

续表

跳过2个音节再学习	节省了7%的时间
跳过3个音节再学习	节省了5.8%的时间
跳过7个音节再学习	节省了3.3%的时间

如果对学习原来6个系列所需的平均秒数进行计数，然后对每个新的系列进行重新学习，节省的时间如下：原学习（6个系列）的平均秒数为1266秒；跳过1个音节，节省110秒；跳过2个音节，79秒；跳过3个音节，64秒；跳过6个音节，40秒。如果把这些系列混在一起（排列），那么重新学习的时间就节省不了。因此，在学习一系列无意义的音节时，我们看到每个音节都与其他音节相连。以类似的方式，它们也被紧密联系在一个相反的方向上。

获取更复杂的材料。——已经有好几项研究是针对那些能使隐性过程（如学习一门新语言或电报）得到组织或重组的材料进行的。目前还没有关于作曲的实验研究。以实验方式学习俄语的学习者（斯威夫特）以前从未接受过这种语言的训练。这项研究开始于1905年3月30日，结束于同年6月14日。坚持30分钟的学习，然后立即进行15分钟的阅读能力测试。每天30分钟的学习以常规的方式进行，时间分为词汇、动词变形和形容词变形。即便在任何巨大的压力下都不努力学习。这一分数是根据每天15分钟的测试中所阅读的单词数得出的。学习曲线（没有显示出来）显示了与学习手工技能相同的因素在起作用——一开始上升得很快，同时倒退也严重。然后又一次快速上升，又一次严重回落，然后是缓慢的上升，并伴有明显的波动。即使在开始的时候，进步的速度也比学习打字慢得多。从整体上看，这条曲线显示出了数量惊人的高点，至少出现了四个明显的高点，但当天课程中材料的缺乏和这种分数的获得方式不尽人意，可能使这条曲线不能真实地反映这种学习的情况。前两天的平均成绩是每15分钟阅读20个单词,第65天的平均分约为65分。布赖恩和哈特针对接收电报信息方面的学习,做了一项更好的对照研究。接收电报的曲线上升得相当缓慢,比发送电报的曲线缓慢得多,而且不规则,因为发送电报的习惯形成没有那么复杂。此外,曲线的特点是有几个高点,每个高点之后都会有一个或多或少的明显改善期。

提高声带的能力。——当然,要在实验文献中找到纯隐性喉部工作的获得或改进的例子是非常困难的。这种工作和改进类型的最好例子,可能是在没有外感性辅助的情况下,在关于算术问题的研究中发现的。斯塔奇与八名受试者一起工作,让他们每天用一个三位数乘以一个一位数——50个例子,持续14天。下表(引自桑代克):

个人	第1天每10分钟做的例子	第14天每10分钟做的例子	总和	百分比
S.	25	62.5	37.5	150
D. S.	37.7	81	43.3	115
F.	23.8	45.4	21.6	91
V.	41.7	71.4	29.7	71
W.	14.7	29	14.3	97
H.	37	100	63	170
Si.	25	29.8	4.8	19
B.	23.4	66	42.6	182

可以看出,进步是相当明显的,每天做少量的练习,持续14天,是可以实现的。受试者平均要做的例题是刚开始练习时的2倍。当然,这个例子必须被看作是某个特定功能的改进,而不是一个全新习惯的

养成。这些受试者都是成年人，因此他们在这方面已经有了相当的能力。其他几个人还研究如何以数学为例改进发声。总的来说，所得结果与上述所得结果相似。

其他类型喉部组织的获取和改进的数据将具有非常重要的指导意义。例如，在统计方面，我们对潜台词阅读能力的提高一无所知，对诸如练习演讲、阅读书籍或进行发明等活动也一无所知。

实践从一种语言功能"转移"到另一种语言功能。——在前面，我们对体力活动和喉部的训练的"转换"做了简短的说明。在这里似乎应该再次指出，在大多数情况下有轻微的转移，但一般来说，这可以根据所观察的两项活动所涉及的相同的要素或相同的部分进程来解释。

喉学实验研究综述。——关于喉部习惯形成的课题，心理学上还没有充分的研究，这主要是由于获得改善的措施和控制结果都相当困难。在实验室里，人们非常仔细地研究了许多将喉部与体力活动结合起来的功能，如在普通印刷品上标记给定的字母、将英文散文译成德文、用密码写散文等。在前文中，我们已经考虑了其中的一些习惯，比如打字。一般说来，喉部习惯的习得在许多方面与学习手的动作相似。喉部的活动还没有得到充分彻底的研究，我们无法对此进行详细的讨论。

喉部习惯的保留或记忆

停止练习对喉部习惯的影响。——艾宾浩斯和其他学者已经做了大量的实验，来研究停止（获取）对无意义音节的影响。最早出现的一件事是，在学会了一系列毫无意义的音节后，他们把这些音节准确无误地重复了一遍，然后又把它们搁置一边，20分钟后就不能重复了。出现的最有趣的事情是，任何这样的废弃的系列都可以比原来更快地重新学习。因此，有可能采取以下方法：学习大量无意义的音节，说8个系列的13个音节，然后在20分钟后重新学习一个，一个小时后再学习一个，一天后再学习一个，等等。通过将原来的学习所需的重复次数减去重新学习所需的重复次数，可以得到节省的数量。艾宾浩斯的下表给出了在不同的时间间隔后重新学习无意义音节所节省的时间百分比：

停止时间	增长百分数
5分钟	100
63分钟	44.2
525分钟	55.8
1天	33.8
2天	27.2
6天	25.2
31天	21.2

换句话说，这个表格显示，损失开始时非常迅速，之后非常缓慢。每隔一小时，必须完成原来工作的一半以上，才能无误地重复这个系列。8小时后，几乎大多数的原始工作是必要的。24小时后，遗忘的速度确实很慢。几乎所有实验室的学生都重复了这些实验。总的来说，艾宾浩斯的工作已经得到了证实，可能的例外是，开始时的损失没有所显示的那么严重。所有调查人员一致认为，损失在一开始非常迅速。如果将语言功能的这种迅速退化与长时间不练习后打字能力的几乎难以察觉的丧失进行对比，就非练习期间的退化而言，两种功能

的差别就显得异常明显。

下表为部分结果：

停止时间的长短	增长百分比
19分钟	58.2
20分钟	95.2
60分钟	80.9
480分钟	57.9
1天	79.2
15天	56.5
14天	30
30天	23.9

测试中，对于无意义音节，确定了不同音程的停用后的损失。我们可以看到，一开始的损失并不像那些无意义的音节那么快，但是30天后的损失几乎是一样的。

不幸的是，这种类型的遗忘没有很好地研究。与这种对感官材料的迅速遗忘形成明显矛盾的是，在幼儿时期学过的诗歌在多年废弃后仍可重复使用；相类似的是，在青年时期学到的《圣经》章节，以及在童年时期听到的对话，可以在老年时期重复。但这些最初都是过度学习的，在年轻的时候被反复学习。这样的例子与在实验室里所做的工作并不矛盾。

过度学习的效果。——以上提及的例子中只是勉强学会了无意义音节。

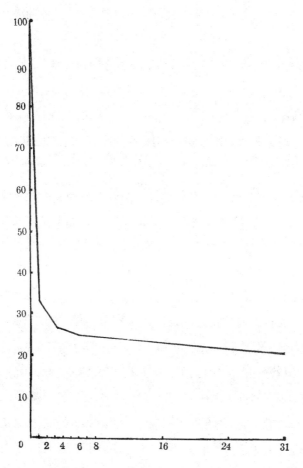

无意义音节的遗忘曲线。数据来自艾宾浩斯。纵轴表示重新学习所节省的时间百分比；横轴表示学习和重新学习之间的天数间隔。

接下来的问题是，如果我们不停止学习，而是继续学习，在重新学习的过程中会节省多少时间？在这之前，艾宾浩斯便已经发现，反复阅读一个系列的效果并不会消失，只要能够重复阅读就可以了。如果读今天的文章比第一次的、没有错误的文章多三遍，那么一次文章将在24小时后的重新学习中保存下来；如果比今天多读六遍，经过同样一段时间后，就可以省下两遍再学。当学习文章的数量增加到64篇以上时，这种节省就不会以相同的比例继续下去。

记忆力可以改善吗？——为了回答这个问题，似乎有必要指出，当被问到这个问题时，记忆的使用在某种意义上与现在的文本有所不同。在这种扩大的意义上，记忆实际上是指整个学习和再学习的过程。当然，即使在通过日常练习形成习惯的过程中，也必须保留前一天学到的东西，否则就会阻碍进步。如果有相同性质但不同内容的材料，例如，几千行散文要逐字逐句地学习，并假设我已经有了一些练习，在投入（学习）这些材料时，我是否能够比前一百行更快地学会最后一百行？或者，假设所有十个音节系列的无意义材料都具有同样的难度，那么学习一千个的材料是否会大大减少我投入这些材料的时间？从习得的角度来看，似乎是真的，每个人都有一定的承诺系数，而这个系数对这个人来说几乎是永久性的。无疑有一些轻微的改进，但艾宾浩斯在用无意义的材料工作了大约三四年之后，没有发现非常大的改进。

这个问题也指在一段时间没有实践之后的损失份额。所有的实验似乎都表明，假设这些材料一开始就以一种相关的、有联系的方式被学习，那么除了通过过度学习，有许多手段和特殊的联想方案来"改善"记忆。其中很多都非常巧妙，"保证能在30天内百分之百地提高一个人的记忆力"。但其实，这些计划中没有什么新东西，它们当然不会像有些心理学家所说的那样"提高记忆力"。

关于记忆神童，我们无话可说。每个人都知道，不同的人所具备的对于日期、数字、整页的数学材料的记忆能力存在巨大的差异。关于这个话题，确实没有什么可说的。他们和其他类型的天才属于同一类，例如，儿童数学天才、儿童音乐家或作曲家。

总结陈述。——研究语言的某些更广泛的方面是有益的；特别是以下几点会引起精神心理学家的特别兴趣：①盲聋哑人的语言习得。②我们自己的语言和其他语言的象征意义和民间传说。③口吃、结巴及相关缺陷。④中枢神经系统病变对语言机制的影响，如失语症和失写症。⑤心理变态者的言语，特别是狂躁症发作时的现象。在麻痹状态下言语的丧失，偏执狂类型的有组织的语言系统中的现象。⑥俚语和脏话及其与情感状态的关系。⑦夜晚做梦时的语言系统。这些主题大部分都很广泛，即使对于中心观点，也必须有专门的章节来论述。

在本章中，我们只是试图将显性和隐性语言活动的发展和使用与其他形式的身体整合的发展和使用的相似性进行追踪。语言是个人体系中关键而必要的一部分。虽然我们特别提到了语言的功能，但必须指出的是，我们已经多次提到了这一专业的人为性干扰。正常的人类有机体始终作为一个整体发挥作用。通过训练，它的各个部分都变得有组织地进行某种调整或执行某种动作，无论是钉钉子的动作、飞越大西洋的动作，还是默不作声地把一个四位数字乘以另一个四位数字。每一种复杂的功能都有其组成部分：情感的、本能的、显性的和隐性的习惯因素。当个人在执行那个功能时，所有的部分都被捆绑在一起并协同工作。我们在前一章中对汽艇主人使发动机正常运转的行为所作的说明，显示了手、臂和腿之间紧密相连的综合活动，还涉及本能的情感因素，最后是语言活动。这是典型的有机体作为一个系统处理工作。

本章我们论述了对部分反应的成因和功能的研究。在这一章中，我们试图提出一些数据，使学习者能够把有机体重新组合起来，并把它看作是一个综合的性问题。这个完全一体化的有机体是一个人格或个体。下一章将讨论个体在工作中遇到的种种问题。

第十章

工作中的组织结构

既定的习惯系统功能

什么是功能。——在之前的论述中，我们有几次都谈到了功能。既然我们已经考察了一个人拥有的显性行为和隐性行为两种类型的大多数阶段，现在似乎就可以得到这个术语的更精确的表达。当一种行为被习得并使用了一定的时间，然后被弃用，再一次使用之后，学习和再学习的阶段和无实践的时期就没有太大差别了。我们假设每一个正常的个体都能完成社会环境所要求的行为，我们并不特别关心他是花了很长时间，还是仅仅用了很短的时间，去学习这些行为。在接下来的讨论中，我们感兴趣的是，这些习惯起作用的速度、准确性，以及影响它们的因素。把一个人在适当的刺激下随时准备采取行动的每一个有组织的习惯系统称为"习得功能"，这是很容易的，这与"情感功能"和"本能功能"形成了对比。（一个人的全部资产是他的遗传和获得的功能、记忆力和可塑性的总和。）当然，这些习得的功能包括：说话、走路、游泳、加法、减法、写作，以及前面两章讨论的所有类似功能。当我们使用这个术语时，它没有固定的含义，不是数学的，甚至不是严格的科学的。那么，"功能"实际上就是人们研究和测量的一个活动阶段。后天的功能实际上等同于习惯，只是当我们使用功能一词时，我们一般（至少在这里并不总是）不考虑遗传方面。新的习惯，如果继续下去，总会给我们带来新的功能。在研究儿童时，"习惯"一词被强调；在对成年人的研究中，"功能"一词是最常见的。因为在成人中，学习和再学习的方面并不重要，除非我们希望获得一些个人可塑性的指标。任何活动的遗传或习得阶段与后来的锻炼之间的这种区别在心理学上引起了一些混乱。

在成年人中，这些有组织的功能系统的效率从未发生太大的变化。它们在任何时候都没有得到充分的实践，也没有在适当的条件下得到任何较大的改善。另一方面，他们使用得如此频繁，以至于在一段时间不练习之后，就算记忆丧失也无关紧要。作为成年人，在大多数习惯行为的效率方面，我们正处于一个永久的高原期：药物、缺氧、情绪紊乱和环境变化通常会或多或少地造成效率的波动，而暂时的兴奋也会出现。

"疲劳"在心理学上不是一个有用的概念。对于初学者或任何打算在人类工作领域做研究的科学家来说，最基本的事情可能是忽视大多数围绕"疲劳"这一主题所进行的常见讨论。詹姆斯有次曾带着情绪说："就情绪的'科学心理学'而言，我可能因为读了太多关于这个主题的经典著作，因而感到疲惫，但我应该像在新罕布什尔州的农场里，听到对岩石形状的口头描述一样，再一次辛苦地阅读它们。"关于"疲劳"的研究也差不多是这样。从讨论的角度来看，文献是复杂的、令人困惑的、"没有价值的"，因为它不是建设性的，也因为它阻止人们从事关于影响工作之因素的研究。造成这种状况的原因有三个：

（1）最重要的是，从人类被划分为所谓的"脑力"劳动者和"体力"劳动者的那一刻起，人们就开始感到困惑。这是一种破坏人类活动的最有害的方式。不管人类在做什么，他都是作为一个整体在工作。在这种划分中,是可以通过说出某些活动来达到目的的,如劈柴或在泥泞的地面上拖拉大炮,需要言语功能来更好地表达,以使活动得以完成。它主要涉及个人组织中与使用身体的大块肌肉有关的那一部分。当我们需要一个简短的短语时,我们把它简单地描述为体力劳动。如此宽泛地使用"体力"一词,当然是剥夺了它的词源本义。当一个人多次增加或删改演讲的细节时,这个过程主要涉及的是他的组织中与使用文字的小肌肉相关的那部分。简短的描述短语是潜台词还是有声的工作,这取决于工作是无声的(思考的)还是大声说出来的。但无论是在体力劳动中,还是在隐性喉部工作中,动作都不是只发生在特定的部位。体力劳动者可能会考虑他的家人的事情或用餐时间的到来,而脑力劳动者可能在扯头发或在房间里走来走去。

(2)试图通过头发的相关图片来描述神经系统和肌肉的活动。桑代克对"脑力劳动"的定义是:动物的连接系统所做的工作。然而,"当对这种总的活动进行更严格的检查时,发现最好把感觉器官和肌肉中的疲劳与连接系统的工作分开,并把感觉疲劳、智力疲劳和肌肉疲劳区分开来。因为感觉器官的作用只是一部分,而肌肉纤维的作用根本不像连接神经元的作用那样"。他在下面的注释中,带着一种复杂的心情,进入了疲劳分类的领域:"毫无疑问,从长远来看,把人类动物的工作再细分一下,用感觉器官附属装置的工作、第一感觉神经元外周端的工作来代替感觉、精神和肌肉的工作,会更好。"

(3)最后一个使疲劳心理陷入如此无奈的境地的因素,是试图将心理学与物理学二者置于较为平衡的状态。对这一概念的讨论属于形而上学的范畴,就放心地留给哲学家们去讨论吧。从研究的角度和收集数据的角度,在处理行使职能的问题时,都要考虑到。似乎可以肯定的是,不会有任何混淆。而心理学要想有所建树,就不应抛弃任何物理学上为"疲劳"设定的概念。该领域的调查人员所需要做的就是说出他所测量的功能，并具体说明行为发生的条件。所研究的功能可以是砌砖、打字、乘法计算或任何其他功能，我们可以不厌其烦地说明行使这些功能的条件。例如，我们可以规定一个人用一个四位数乘以另一个四位数，不准用铅笔或纸，不准以任何方式放弃这项任务，不准大声说话，不准从椅子上移动，不准吃东西或睡觉，直到10小时后这项工作完成为止。我们还可以进一步说明，他是在闭着眼睛、堵着耳朵和鼻子的状态下做这项工作的。在他工作5小时后，我们会给他服用某种药物。比如说，在砌砖的过程中，我们可以尽情地描述泥瓦匠用的什么样的砖、什么样的砂浆，他要建造什么样的结构，他要弯多少次腰。或者其他个人情况：他的家庭情况如何、他领取的工资，以及其他诸如此类的条件。当我们描述了所调查的功能、工人周围的条件和测量功能的方法后，我们就会描述效率的标准是什么、如何获得的，然后说明各种控制因素对产出的数量和质量的影响。因此，研究人类的功能与研究动物的活动并没有什么不同。

我们在做上述研究时要强调的一点是，不要讨论所有这些因素，这些因素是我们手头的问题无法触及的。举个例子，当我们讨论砌砖或数学时，猜测反射弧的传出传入时，腿或肌肉本身发生了什么、有什么可能的好处。这些都是有价值的问题，但它们属于生理学领域，而生理学的这一部分还没有被写出来。在前面几章中，我们已经简要地总结了关于神经纤维、神经细胞和肌肉的连续运动的影响的少数事实，这些事实是有一定共识的。已知的全部事实少得可怜。对于研究行为心理学的学生来说，花上成百上千页的篇幅来研究疲劳问题的"生理方面"，对研究的进展毫无帮助。继续使用致使神经系统产生何种效果，这一类问题应该留给神经生理学家来研究，或者更好的是，留给从事行为研究的心理学家和研究神经和肌肉结构的神经生理学家来共同研究。

工作曲线

一般注意事项。——假设某项功能是任何一种成熟的习惯，如打字、打台球或其他类似的，那么接下来在衡量所做工作的数量或产出及其质量时产生的问题是，在行使该功能的过程中，是否有明显的波动，或者节奏、速度的爆发？还是说，唯一明显的变化是由于连续锻炼的影响，产出缓慢减少，同时误差还会逐渐增加。有一种相当流行的观点认为存在这样的波动。在某些实验室，这些观点显然得到了证实。认为存在：①初始冲刺阶段；②末冲刺阶段和；③热身或适应阶段。

在最初的冲刺阶段，人们为完成任务而兴奋的工人假定了一个不可能达到的速度。桑代克通过记录几位受试者在喉部声带和加法中所做的工作来检验这件事。这些受试者是受过教育的成年人，连续工作约两小时。总的来说，没有最初的激增。人们发现，每个人的工作曲线每天都在变化，如果谁有兴趣证明最初的上升，他偶尔可以找出一条曲线来表示它；但是，当对几天工作所得的几条曲线进行检验时，没有任何工人表现出井喷式的特征。在卡拉佩林的实验室里，最初的井喷是经常发生的，应该持续大约5分钟。查普曼和诺兰最近的一项研究倾向于证实卡拉佩林的旧观点，而不是桑代克。受试者在连续的7次中进行了16分钟的连续加法测试。他们发现了明确的证据表明，在开始工作时，有很高的出错率。它的速度是如此之快，以至于任何一种惩罚错误的制度都无法使它消失。这种爆发持续的时间很短,实验对象的速度总是比他所能维持的要高。"他很快就适应了正常的工作节奏,可以长时间工作。正是这种效率下降的速度导致了最初的井喷式激增被忽视,甚至被否认。"桑代克又在他的最新作品中发现了一个没有初始喷发的现象。

关于"末冲刺阶段",证据表明,在许多情况下,当受试者事先被告知工作将在指定的时间停止时,在工作的最后几分钟,也就是他们在与时间赛跑时,产出便会有轻微的增加。布克在他的打字研究中,使用了十分钟的工作时间,最后三分钟比以前任何三分钟都要好一些。艾瑞在心算的最后十分钟的速度,比前半小时的任何时间点速度都要快一些。但是,在这样的情况下,末冲刺阶段虽然经过证明是真实存在的,但在工作曲线中,并不是一个非常重要的因素。只有极少的证据表明,在中断或干扰后会出现突发的高效率事件,或在短暂的低效率后出现高效率。

有人认为,任何给定功能的运动输出的曲线,从开始到最初二三十分钟,效率逐渐提高;在一定时间内保持在这个高水平上,然后出现下降。这就是所谓的"热身或适应阶段"。有些时候,曾有人断言,有一个较慢的、更持久的提高期,与热身或适应阶段平行,但持续时间较长。

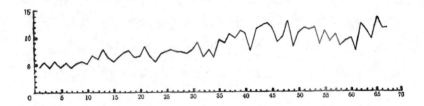

该图表示一个四位数乘以另一个四位数所需时间逐渐增加的曲线。实验从上午11点一直持续到晚上11点。每四天中，解第1个例题的次数取平均值，给出曲线上的第一个点为解决时间；四天中的每一天的第2个例子都是相似的平均值，给出了曲线上的第二个点。这个过程重复到第67例，这是每天完成的数字。这条曲线是笔者根据Arai博士的表格构建的。它不会纠正错误。垂线以分钟表示时间；横线表示例数。如果完成每个示例的时间没有增加——也就是说，如果功能的效率没有降低——则曲线将保持与基线平行；事实上，考虑到轻微的波动，曲线在前10个例子中保持不变，然后下降，在第34个例子中保持不变，然后急剧地连续下降（有波动）到第48个例子，然后显著地改善到第61个例子，然后再次下降。

这被称为"适应过程"。这些变化并不能出现在眼前。通过对上图工作曲线的分析，我们可以看出这种猜想中的改善是不存在的。我们能注意到的、有明显证据的变化似乎是，在一段时间内通过实践改进了该功能。如果所测试的功能是一个彻底的基础功能，这种变化现象则不存在。

至于严格的手工功能作用，则没有足够令人满意的实验来表明它的工作曲线。在棒球运动员、田径运动员和船员的工作中，他们都有锻炼身体或初步练习的过程。这是普遍的，显然也是必要的。也许没有一个棒球队的教练会冒险让一个投手上场，而在这之前不给他机会挥汗如雨、让他的手臂受伤。可能主要的有益结果来自肌肉作用的增加：在这些功能中，有足够宽广的肌肉区域在起作用，并且消耗了大量的能力。因此,活动的副作用是巨大的,需要肾上腺素来分解和释放储存的糖原,促进血液循环。在使用肌肉面积较小的工作中,如喉部的运动,热身则是不必要的。

喉部功能中"疲劳"很少见,但体力劳动中"疲劳"却会迅速且高频地出现,这形成了鲜明的对比。对此,人们进行了大量的思考和实验。在接下来的12个小时里,艾拉继续心算的工作,效率下降了大约不超过25%。然而,没有任何船员能以尽可能快的速度持续划行几英里[①],效率一直保持不出现大的变化。考虑到两种工作所涉及的肌肉区域大小的差异,结果与预测一致。

连续使用喉部声带进行数学运算。——关于连续使用喉部功能最彻底的调查之一,是艾拉博士的心算实验。由于练习过于频繁,她的实验效果甚至不太明显。于是她从上午11点到晚上11点,连续四天在没有其他帮助的情况下,用四位数字乘以另外四位数字(比如2645×5784)。在乘法过程中,两个四位数字没有出现,但在必要时被引用。乘法运算是闭着眼睛进行的,唯一休息的时间是写下答案和学习下一道题所需要的几秒钟。对大多数人来说,做一次这样的数学计算所花费的精力是惊人的,甚至是难以实现的。大约17组,每组4个例子,在12小时的连续工作中完成。整个实验无法完全记录,但我们可以将每天第一组4个例题的平均解答时间与最后一组4个例题的平均解答时间进行如下比较:

---

① 1英里=1.609344千米。

时间\项目	第一天	第二天	第三天	第四天
解决第一组4个例题耗费的平均时间	23.6秒	20.7秒	19.3秒	16.5秒
解决最后一组4个例题耗费的平均时间	62.1秒	44.4秒	49.1秒	32.9秒

将前两组（共8个例子）的平均解题时间与后两组的平均解题时间进行比较可能更恰当一些：

最开始的8个例题	46.9秒	45.2秒	35.8秒	46.1秒
最后的8个例题	101.1秒	96.4秒	99.1秒	78.5秒

如果我们细致观察这两个表会发现，通过计算最后8个例子的时间变化来衡量效率的损失。4天中最后8个例子比前8个例子平均增加了119%的时间。乍一看，这种效率的损失似乎很大，但稍加考虑我们便能确信，功能的效率即使在连续工作12小时后仍然很高。因此，若要在12小时的工作结束时完成一个这样的例子，需要的时间是开始时的两倍多一点。即使到了最后，她也完成了一项壮举，这恐怕是从事数学工作的千分之二的人所做不到的。这项研究的第二重要的一点是，正常的睡眠时间完全恢复了这一功能，正如在四天中解决前四个问题的平均时间是相等的这一事实所表明的。事实上，有一个时间的减少，这看起来像一个练习的效果。我取了艾拉博士的数据，发现她工作了四天，每天做67道题。所有第一道题的平均求解次数（即四天中每一天求解第一道题的次数），得到曲线上的第一个点。然后求所有二次问题的平均次数，得到曲线上的第二个点。这一过程重复了67次。这条曲线主要显示出时间的增加。前10个点只显示了个体波动，

然后出现轻微的下降。从这一点到第34点，功能保持了相当一致的效率，但有向上和向下的波动。从第34例到第48例，效率明显下降。从第48天到第61天出现了明显的改善，然后效率下降到第65天，最后略有上升。

这将使我们超越这一讨论的范围，提出关于这类工作所收集的所有数据。这些功能如下：听写造句、学习无意义的音节和数字、翻译、标记包含a和t的单词、为参考书目选择标题。所有这些结果的有趣之处在于，这些功能可以连续运行几个小时而不会造成严重的效率损失。

动手功能的持续执行。——与艾拉博士的实验相比，关于持续锻炼而导致的手动功能的效率损失则鲜有人关注。每个人都承认，体力劳动的损失更快。此外，短时间的休息对体力活动似乎是有利的，但它们肯定不是必要的，而且可能对声带功能不利。许多实验都是在测力计上进行的。在测力计上，单独挑选出一组肌肉，让它们以一种日常工作并不需要的方式连续工作。我们在前面曾总结了这项工作。研究人工功能的工作曲线是一种令人不太满意的方法。

在工厂里，人们正在仔细地研究以产量减少来衡量的手工操作的效率损失。我们引用出现在很久以前的如下文字：

"最近，要在那边上修一条长长的斜坡，需要用手推车装着沉重的货物推到工地上去。我们预先准备好了奖励机制——那些完成或超过一定工作量的男性可以得到奖赏。他们努力尝试，但没有一个人能赚到额外的钱，并且他们完成的都大大低于规定的任务。一位专家立即进行了调查，发现问题出在这些工人工作时没有足够多的休息时间。于是，一个工头站在时钟旁，每隔12分钟就吹响一声口哨。听到响声，每个人都停了下来，坐在手推车上休息3分钟。在那之后的一个小时里,他们的成绩有了显著的提高。第二天,所有人都做得比原来多了,从而得到了额外津贴。第三天,最低工作任务平均提高了40%,但是竟然没有任何工人抱怨超负荷工作。"

这说明了这样一个事实,即任务越艰巨,人们就越倾向于在一定的工作时间之后休息一段时间。产出的数量和质量下降的整个问题在日常生活中与许多情感因素联系在一起,如男人的工资是否足以满足他娱乐、结婚等方面的需求。还有,个人和家庭的适应性、政治信仰、工人可能拥有的社会学理论、开放式和封闭式政策。最重要的可能是,个人工作的速度。在这一点上,心脏也给我们上了一课。心脏的功能从胎儿出生后开始工作,一直持续到死亡。以这样的速度,并在功能之间有这样一段休息时间,心脏的效率得以一致地保持。虽然心理学实验室对手工功能的效率问题还没有多少有价值的发现,但必须在那里寻求解决办法,因为商店和工场中的工作一般不能以产生非常安全结果的方式加以控制。但是,实验室承担的工作类型必须在范围上大大扩大。我们自己的观点是,许多基本定律可以通过使用动物来建立。我们可以强迫动物形成比普通实验室研究更复杂的习惯。如果用惩罚代替食物,整个情况的刺激价值可能不会随着时间的推移而大幅下降。在动物身上有了这样一套功能,就有可能改变条件,如进食不足、睡眠不足和服药,并注意不同条件对观察功能效率的影响。

生理方面某种功能的不断锻炼。——在前几章中,我们讨论了一些有关连续工作效应的生理学发现:由于连续刺激,神经纤维发生化学变化;神经细胞的结构和化学变化;工作引起肌肉的化学和形态变化;肾上腺素对肌肉持续活动形成的产物的影响,等等。我们再次简要总结了这些发现:关于神经纤维是否由于持续的功能而发生结构和化学变化的问题仍然存在疑问。关于神经细胞变化问题的疑问则更大；一般来说，人们认为会发生形状、大小和化学变化，但要使这些变化发生，所必需的功能的运动量是非常大的。肌肉活动的产物稍微好一些：肌肉活动时比不活动时消耗更多的二氧化碳，形成乳酸，可能还有磷酸钾。这些活动的产物进入血液，被运送到那些不活跃的肌肉中，从而减少了它们所能做的工作量。关于肾上腺素的影响，据说由于肌肉的供血增加，这些产物很快被冲掉或立即中和。

药物对已形成习惯的作用的影响系统

一般注意事项。——在讨论实验和测量时应考虑几个因素会影响所有功能的发展：①只有在极少数情况下，一种功能在实验室研究中得到了充分的实践，然后才引入对照试验来衡量药物、持续锻炼、睡眠不足和其他因素的影响。换句话说，受试者通过练习提高了技能——这可能掩盖了药物的影响、睡眠不足或持续锻炼。在引入控制试验之前，要么将该功能进行到无法观察到改进的程度，要么找到改进因素的度量值。②工人在这样的实验中情况不正常。他被测试在不寻常的条件下，情绪因素与他们的加强或抑制作用可能进入。这使得很多关于酒精、烟草和咖啡因的实验变得无效。为了消除这种影响，可以使用各种机能。受试者可能被告知他正在服用胶囊中的咖啡因，而实际上服用的只是面粉或其他类似食物；或者可能被告知，他正在被给予酒精和其他一些非酒精物质，实际上给予的就是酒精。另一方面，他可能什么都不被告知，实验者根据自己的能力来引入控制物质或条件，在这种情况下，受试者不能注意到是否使用了药物或控制因素。约文斯首先强调了这种实验条件的情感方面的重要性，而真正的实验可以说始于他1906年的工作。③研究的功能过于有限，很少对日常生活中使用的功能进行研究。作为一个例子，我们可以提到这样一个事实：在大量的手工功能实验中，已经使用了测力计。④这些功能被实验的时间太短，无法进行广泛的归纳。

在对随后的文献进行总结时，应考虑这些因素，并应将所引用的结果视为只是暂时性的。

酒精。——由于存在支持和反对使用酒精的不同派别，因此很难获得关于这个问题的确切数据。下面的摘要介绍了从事这项研究的大多数科学家的观点。从心理学和生理学的角度来看：

1. 不同人饮酒的能力差异很大，他们的工作曲线上没有显示出饮酒的影响。纯酒精的含量从20毫升到40毫升不等（比通常用于社交目的的剂量要大得多）。

2. 酒精对所有反应的影响是令人沮丧的。这已被许多研究髋骨、反射、眼球反射运动等的研究者证实。

3. 据大多数观察人士说，大量摄入酒精会对肌肉运动的数量和质量产生有害影响。有些人认为，酒精对肌肉运动的不良影响可以在饮酒后的好几个小时内观察到。约文斯关于小剂量酒精对人体的影响，有以下几点值得注意：

"我现在可以总结一下到目前为止所取得的一些基础成果。在肌肉工作的情况下，我们已经看到，有明确的证据表明小剂量——从5毫升到20毫升的纯酒精，对使用测力计进行的工作的数量或性质没有影响，无论立即测验还是在给药后的几个小时内测验，其他工人以前获得的错误结果几乎肯定是由于实验方法的缺陷。有证据表明，至少在一个案例中，当加大剂量到40毫升，在酒精这种物质的影响下，工作量有所增加。但是，这种增长是不确定和不稳定的，不能排除是由于一些对人体不利的因素造成的可能性。至于剂量大于40毫升时的情况，我们有其他人的实验数据表明，在80毫升的剂量下工作量明显减少。"

对语言功能的影响尚不清楚。毫无疑问，与手工功能相比，它们受到的影响更小。但是，在最近的研究中，道奇先生已经表明，更复杂的功能如记忆和思考，在酒精的作用下比简单的反应表现出更差的效果。尤其对任何明显的语言表现，酒精总是会产生一种抑制作用。这似乎与流行的观点相矛盾。因为一般来说，在某些社交场合（如宴会上），人们通常会观察到无论是闲谈还是举行婚礼，喝酒都会加快谈话的速度，增加人们的兴奋度。这里的情况相当复杂。抑制效应似乎集中在皮层中心，从而使阶段性语言连接失去皮层控制。当大量的酒精被消耗时，脊髓中枢受到影响，交谈能力下降，整个人就会变得消沉乏力，所有的功能都会受到抑制。

在生物学方面，结果并不十分清楚。精神病理学表明，许多弱智和心理变态的孩子都是由酗酒的父母所生。然而，这里的问题是，这些父母在成为酒鬼之前是否已经心理变态？酗酒可能只是神经质倾向的一种表现形式。一个没有遗传污点的健康的人是否能成为酒鬼？这是值得怀疑的。如此之多的正常利益会与过度饮酒发生冲突，以至于一个健康的人会将他的忧虑以酗酒这种遗忘的形式抛诸脑后，这几乎是不可想象的。在动物身上的实验也未能完全确定。斯多卡德对豚鼠的研究代表了一方面，珀尔对家禽的实验代表了另一方面。前者发现，如果豚鼠被迫长时间吸入酒精烟雾，这些个体的后代出生时就会出现大量异常，寿命也会缩短。此外，酒精二代仍然表现出了糟糕影响①。另一方面，珀尔却发现家禽几乎起了相反的作用。母鸡所产的鸡蛋质量不佳，可能是因为生理上的问题，但不同纯度的酒精似乎会影响卵子的活力。产蛋量可能增加了，但卵子的繁殖力并没有减少，也没有发现对幼仔有什么不良影响。

当然，无论是对人类还是对动物的实验都没有表明，在一天的工作结束后少量饮酒会对个人或其后代产生任何有害影响。人寿保险公司提出的某些统计数字似乎与此相反。这些死亡率统计表似乎表明，即使是偶尔饮酒的人，寿命也比完全不饮酒的人短。统计学家们对这些说法提出了严重的质疑，他们只对问题的数学方面感兴趣，而对酒精的好坏影响不感兴趣。

很多人认为，以下结论都是理所当然的：①唯一理智的做法是让成长中的儿童和青少年远离酒精，哪怕是一点点酒精也会伤害他们。不是因为这是被实验所证明的，而是因为冒可能存在的风险是不值得的，孩子并不需要在高度紧张的工作中通过酒精来放松。②酒的使用不能（或者说不是）处理得过于明智。酒吧通常被认为是一个不健康的机构，因为它为失业的人提供了一个游手好闲的地方，使工人远离他的家。它鼓励他们在一天的工作结束后喝酒，而且其他不受欢迎的人也经常光顾。较为理智的社会人士认为，如果能关闭酒馆、停止销售高浓度的酒，而在工作期结束后，晚上可以少量饮用低度的葡萄酒和啤酒，这对整个社会并没有任何损害。他们从这种处理酒精问题的

---

① 此外，在社交聚会上喝等量的谷物酒所产生的效果与喝等量的香槟或鸡尾酒所产生的效果不同。我们或许可以说，在社交活动中所产生的活力绝不完全是由于饮酒所致。虽然如果没有酒精的参与，整个晚宴可能是失败的。但是，酒精的主要作用可能是提高腺体活动，迅速提高普通人的一般情绪水平。这纯粹是推测，因为我不知道有什么办法可以测试酒精对内分泌的影响。我们在这里所讨论的，看到葡萄酒或鸡尾酒可能会开始条件反射的分泌。

方法中得到的好处是，少量的酒精能使人放松。放松的概念越来越流行，人们意识到一天的工作结束后，某种形式的放松是有益的。今天，任何一个深思熟虑的人都不会告诉你，他要增加他的酒量来刺激他的肌肉输出、写作能力或清晰地思考的能力。他们坦率地承认，当他们有一个明确而棘手的工作要做时，他们想摆脱酒精的影响。另一方面，他们给出喝酒的理由：当他们疲惫不堪地回到家时，当他们下班或因工作和职业上的忧虑而疲惫不堪时，他们希望尽快地从这些烦恼中解脱出来，而酒精能带来必要的放松。他们声称，通过一杯鸡尾酒或一杯葡萄酒的作用，他们可以成为一个理性的人，而不是一个非理性的人，这有助于他们把日常工作放在一边，以更快的速度投入家庭生活和社会关系。他们进一步争辩说，由于没有实验表明他们摄入的酒精量对他们第二天的性格或工作能力有任何有害的影响，他们没有理由不继续像过去那样生活。

不管科学结果如何，也不管酒精消费者的意见如何，这个国家的法律已经决定必须取缔酒的生产和销售。对这个实验结果的预测比大多数人想象的要困难得多。正如我们上面所指出的，将以这样或那样的方式获得。发泄方式是否会像吸烟俱乐部、咖啡馆、更多的户外运动那样正常进行；或者是比酒精更有害的东西——例如，某种形式的毒品摄入或更大程度的性自由——仍有待确定。

如果我们回顾一下各民族的历史，就会发现一个事实，即强国一直是最大的酒精消费国，而且使用的酒精形式也最为多样。酒精对法国、英国、德国和奥地利这些国家的效率产生了严重的影响，这是无法理性计算的。人们常说，俄罗斯的现状是由于大量饮用酒精饮料造成的。一个更合理的观点是，在以前的某些时候，他们的教育水平很低，用于社交放松的渠道很有限，他们的气候也很恶劣，以至于他们已经学会了把酒精当作一种麻醉消遣。随着社会条件的改善，酒精将不再是唯一的放松来源。

咖啡因的效果。——咖啡因是茶、咖啡和许多冷饮中的主要成分。它对各种功能的影响已经被许多研究者测试过，约文斯和霍林沃思的研究是最重要的。Rivers的总体结论如下：

"从我所记录的实验中，以及以前的实验中，可以得出一些基本结论。咖啡因增加了工人肌肉和脑力工作的能力，这种刺激作用在服用该物质后持续了相当长的时间，而没有任何证据表明，在中等剂量的情况下，该物质会导致工作能力的降低。因此，该物质确实减少了疲劳对身体的影响，而不仅仅是掩盖了疲劳的影响。"

霍林沃斯的实验规模更大。他让他的受试者关注他们所做的户外工作、所吃的食物以及休息的时间。在正常情况下，除了饮用含有咖啡因饮料的受试者之外，还有几名未饮用的受试者在工作。试验持续了40天。对运动速度、运动协调性和稳定性进行了测试。运动速度加快了，这在某种程度上取决于剂量的大小。咖啡因的摄入量从2到6粒不等。这种效果通常在服药后的一小时内就能被注意到（约文斯表示，这种效果通常在15分钟内就能被注意到），通常持续1~4个小时。如约文斯指出的，72小时内未产生二次抑制作用。这是不寻常的，因为这类抑制作用通常在兴奋剂的兴奋阶段结束后出现。关于运动协调，霍林沃思说，小剂量增加效率，而大剂量，4~6粒，则降低效率。稳定性试验表明，1~4粒的剂量会引起轻微的反应。轻微反应发生几个小时后，大剂量增加，加速其发作。在药物下观察到其他功能：如颜色测试、给出某些词的反义词。每种剂量的咖啡因都能提高这些功能的效率，这种效果可以持续3~7个小时。在诸如取消字母和数字、右手对蓝色纸做出反应、左手对红色纸作出反应等活动中，小剂量会导致延迟，大剂量会导致加速。咖啡因对打字的影响得到了最细致的研究。[①]小剂量给药可加快反应速度，大剂量给药则可减慢反应速度。另一方面，通过纠正和未纠正错误的数量来衡量成绩的质量，也可以通过各种大小的剂量来提高。

咖啡因也属于"成瘾药物"，最早被用于头痛和情绪躁动治疗。那时候，任何实验室工作都不涉及咖啡因对日常生活的影响。只要观察一下普通人在早晨喝咖啡前后的行为，或者观察一下劳累的猎人或士兵在一天的工作结束后的行为，就能对咖啡和茶的一般刺激作用有所了解。那些为数不多的研究咖啡因及其刺激作用的论文是非常有趣的。

烟草。——虽然对这一领域研究的实验还处于起步阶段，但从表面上看，烟草对工作效率是有害的。最早的实验之一是由伦巴第在1892年做的，他发现，测量在测力计上所做的功的数量，抽完一支雪茄后比之前极大地减少了输出。直到吸完雪茄一个多小时后，这种功能才完全恢复。其他几个人也部分证实了伦巴第的研究结果，但他们发现，这种影响并不明显。菲力发现，如果在吸烟5分钟后进行测试，吸烟会增加工作的产出。但很快，工作量就减少了。如果测试的时间为吸烟15分钟后，那么很明显，烟草对大脑是有害的。约文斯发现，抽雪茄的日子与不抽雪茄的日子相比，所做的工作略有减少（一个受试者抽雪茄的两天与不抽雪茄的三天形成对比，另一个受试者抽雪茄的两天与不抽雪茄的两天形成对比），效率降低的幅度非常小。

最近，布什对吸烟对喉功能的影响进行了一系列广泛的测试，如减法、自由控制联想和记忆。这些测试首先是为了获得一个标准。

[①] 似乎很不幸，这位笔者有无限的设施可以使用，却选择了这么多狭隘的、用于观察的功能，而这些功能即使精确测量也毫无意义。

让受试者吸烟15分钟，之后重复测试。在大多数情况下，效果是有害的，吸烟的平均损失10.6%。非香烟材料在同样的条件下效率降低4.2%，这是相当惊人的事实，这种额外的传入刺激，在其他条件相同的情况下，促进输出。

因此，关于烟草的实验结果非常少。如果可以得出任何结论，那就是它对所研究的功能的影响是令人沮丧的。在接受体育比赛训练的男子中禁止吸烟反映了这一点。

当然，烟草是另一种"成瘾药物"，对那些沉迷于使用它的人来说，上述实验无法令人信服。如果他们被剥夺了吸烟的权利，他们的所有功能的效率至少在目前仍然处于低潮（他们把时间花在不安分的流浪上）。吸烟者的论点是，吸烟是他的一种放松方式，因此，在效率上没有丝毫的损失。如果反烟草宣传者在最近的战争中成功地禁止在军队中使用烟草，很难判断这对士兵的士气会有什么影响。在紧张的情绪下，它形成了一个相对安全的出口，这对吸烟者来说，无论如何是必不可少的。

马钱子碱。——马钱子碱对习性功能的影响肯定还没有确定。乔森在口服大剂量（4.2毫克）马钱子碱和小剂量（1.8毫克）的马钱子碱时发现，该药物对人体机体组织的工作效率产生了明显的影响。大剂量时，工作量上升，然后逐渐下降。小剂量组的上升速度较慢，下降速度较慢。因此，效率普遍提高，但随之而来的是总产出减少。

普罗芬伯格在最近的一项实验中发现，1/30到1/20颗粒的剂量对运动速度的稳定性和准确性没有影响。在涉及大量语言组织的一系列其他功能上，也没有观察到任何影响。

乔森的观测是在约文斯的基础上进行的，因此，就测力计实验而言，它们可能是准确的。普罗芬伯格未能发现任何效果，可能是由于难以为特定的受试者提供合适的剂量。当然,没有测试同样的功能,但这很难解释两项调查完全不同的原因。

当然,马钱子碱是一种危险的药物,只有在医生的指导下才能进行实验。

可卡因。——对这种置人于危险状态的药物,在不多的实验中获得了相当一致的结论:它的直接效果是极大地提高受试者功能效率;当然,后来出现了非常明显的下降。关于这种药物的一个有趣的事实是,它的效果在几乎完全用尽的状态下很快就能被注意到。据说,由于它的作用,南美洲土著人能够表现出非凡的忍耐力,并能在它的影响下忍受严重的饥饿和干渴。由于它所带来的放松感和随后几乎所有功能的迅速短时刺激,它已成为吸毒者的最爱。每个人都承认它的使用对身体状态有显著刺激作用。人们不得不看到,对于那些已经对酒精上瘾的人来说,这是一种可能但不幸的逃避。

气候等因素对曲线的影响

通风。——最近的工作更新了关于通风不良对工作曲线影响的旧观念。过去的观点认为,在拥挤、潮湿、炎热的房间里,空气中二氧化碳含量的增加、氧气含量的减少以及过期的有机物("人毒素"),是所观察到的有害影响的原因。纯空气中含有21%的氧气、78%的氮气和0.03%的二氧化碳。在拥挤、通风不良的工厂和学校里,氧气可能会减少到19%,二氧化碳增加到0.3%。可以观察到,在通风差、热、湿的房间里坐着或工作的受试者的一般变化是嗜睡、倦怠、昏厥、脸红、皮肤热、出汗、抱怨头痛和其他各种疾病。这些变化并不是由于缺氧和二氧化碳的增加,事实证明,如果这些人在同样的通风不良的房间里工作,允许他们通过一根管子呼吸外面的新鲜空气,他们也不能恢复正常。然而,当温度和湿度降低时——特别是在身体表面,通过用风扇搅动空气可以做到这一点——种种不适消失了,尽管没有新鲜空气的引入。从各个方面来看,工作的最佳条件是20摄氏度,相对湿度和每人每分钟45立方英尺的室外空气。在这样的最佳状态下,所有不利因素对身体的干扰是最小的。

这些由于通风不良而引起的身体状况的变化,虽然是引发大多数人类消极反应的刺激,但并不一定会影响到有效工作。于是问题就出现了,假设我们通过金钱、社会认可度或恐惧,使工作具有很高的价值,实验对象能在最佳的工作条件下做同样多的脑力劳动和体力劳动吗?在人工功能方面,近年来的实验表明,在通风不良好且拥挤的房间里,当温度和湿度不佳时,在人工功能方面确实存在效率损失。在使用自行车测力计和操纵哑铃这类功能上,效率会下降,因为测力计能准确地显示所完成的工作的英尺磅数。在最佳条件下,效率比30摄氏度时高37%,比24摄氏度时高15%。

关于声带工作和声带与手工相结合的工作,即在所有的功能中,肌肉区域的牵涉范围小,效率似乎没有什么损失。所涉及的数量较小,即使是明显的向上变化,效率似乎也不会有什么损失。研究了对立物的删除、命名、颜色辨别、加法、心算乘法、打字、书写评分、英语作文评分等功能,桑代克总结了他在纽约实验室关于通风的工作,他说:

"通过改变工作的形式和时间的长短,我们发现,当一个人被敦促尽其所能时,他会尽其所能,而且做得很好,并在炎热、潮湿、陈腐和闷滞的空气条件下(30摄氏度,80%相对湿度,除了房间里的空气和再循环的情况下由再循环力引起的空气移动外，没有任何空气移动）。在最佳条件下（20摄氏度，50%相对湿度，每人每分钟引入45立方英尺的外部空气），也差不太多。这一结果是在这些人连续5天每天4小时的恶劣条件下得出的。我们对足够多的人进行了测试，使结果尽量可靠。

"我们进一步发现，当一个人被要求做对他来说毫无兴趣或价值的工作，甚至都不告诉他怎样才能把工作做得更好，并在其他方面诱惑他而使之放松标准，做质量差的工作。在30摄氏度、80%相对湿度中，他的工作仍然不逊色。他连续4天每天接受8小时的测试，并在第二天、第三天和第四天接受测试。有证据表明他在工作上花了更多的时间，但即使这样也不能说明，他的工作做得更差了。

最后，我们发现，当让一个人自己选择是做脑力劳动，比如阅读，还是休息、睡觉时，当温度为24摄氏度时，他每小时做的工作和20摄氏度时一样多。在这个主题的实验中，温度是变化的，其他的空气条件保持不变。造成这一限制的原因是，在迄今为止的所有实验中，由于空气中二氧化碳含量高而表现出的老化，明显缺乏任何生理效应。选择较小的差异使实验适合他们的主要目的，作为对某些条件的食欲测试，在这种情况下，心理测试是次要的。而且，在实践中，适度的热对脑力劳动的影响比酷热的影响更为重要。两种条件（20摄氏度和24摄氏度）的实验分别连续维持三天，每次7小时。

在一个很短的实验中，温度变化到30摄氏度、80%的相对湿度。在美国，从事脑力劳动的倾向似乎确实有所减弱，但所有这类可选工作的实验结果的可变性建议我们，在进行充分的实验之前，不要急于得出有关高温对这种倾向的影响的结论。

斯蒂芬女士在纽约州通风实验室的进一步工作中，测试了在温度保持不变的情况下，即24摄氏度的低湿度和高湿度下的几种功能。测试了以下功能：加法、瞄准、手掌稳定、敲击、打字、手臂稳定、疲劳工作、反射性眨眼和眼皮震颤。她的结论是：

在所有这些测试中，与第一次测试相比，平均改善幅度为1.5%。上文所述，以及任何一天从第一次试验到最后一次试验的平均改善，都没有显示出可靠的差异。也就是说，通过这些神经和运动控制测试以及更纯粹的智力测试，我们可以发现在两周的接触期间或在工作日，改变空气湿度没有影响。

虽然这些结果与一般观点形成了鲜明的对比，甚至似乎与常识相反，但在进行进一步的试验之前，人们只能接受这些结果。最好记住，在所有这些测试中，即使在允许交替工作的情况下，问题的刺激价值也比日常工作中的刺激价值高得多。此外，实验所占用的时间极短，无法提出如此深远的结论。人的机体是被造来承受和忍受长时间的苦难的。如果30天缺乏食物不会使生物机体的效率大大降低，也不会消耗药物，也不会口渴，也不会失眠，那么在这些试验继续进行的时间里，我们就应该期待一些类似上述的结果。像许多作者那样一概而论，目前是没有必要的。

桑代克从上述工作中得出了一个扩展的结论，即在炎热潮湿的夏季和在寒冷的冬季可以进行同样有效的工作。这样的延伸就像这样的概括一样谬误，既然在许多功能上有所改善，并且在31天的禁食期间只在少数功能上显示出损失，人们可能会安全地鼓励他连续不进食。这样的概括，尽管对暑期学生来说是一种安慰，但也有可能被血汗工厂、棉纺厂的老板，以及城市里腐败政府当局滥用。为了安全起见，一个人必须对成长中的儿童进行长时间的实验。在缺乏这种试验的情况下，所有人都同意，规定的最佳方案仍然是可取的。

气候的影响。——通过实验者对气候影响的观察，发现"不适"（脸发红、皮肤干燥或出汗、头痛等）和效率下降是由于温度升高和湿度增加引起的。他们的观察结果总体上与通风实验的调查结果相一致，并且是可以解释的。大风、阴天和雨天似乎对人类的日常生活产生了令人不安的影响。有人断言，在出现强烈的电扰动（雷电）的日子里，人类的错误会增加。目前还没有可靠的证据支持这种说法。

缺氧的一般影响。米尼奥拉医学研究实验室的心理学家对缺氧的作用进行了一定程度的研究。众所周知，登山者和在高空飞行的飞行员严重缺氧。为了更多或更全面地了解这些变化，并测试个体在承受这种变化的能力上的变化，建造了一个大的低压室，从那里可以排出空气，从而降低氧的张力，直到可以使其与任何气压水平的张力相对应。当氧张力降低到一定程度后，人类个体的某些习惯系统的效率开始下降。这些影响倍增，直到完全窒息发生。如果在开始缺氧时，受试者被要求进行某些运动操作，这些运动操作在某种程度上类似于飞行中所使用的操作，那么这些效果就会显现出来。在邓拉普设计的测试中，受试者坐在一张桌子前，桌子上放着14个刺激灯，每排7个。紧接在灯下的是两排同样排列的触点按钮，每个按钮周围都有一个垫圈。如果用手写笔触摸按钮，一个绿色的检查灯就会亮起来，但是如果触摸周围的垫圈，一个红色的错误灯就会出现。只要有一盏灯点亮，受试者的手臂和手就会从休息的位置移开，用触控笔触碰适当的接触按钮。小灯的照明由实验人员控制。这些灯可以按任何顺序点亮。除了让他接触适当的接触按钮，他还必须保持电表读数在某个点，而通过电流表的电流也是由实验者控制的。实验对象要做的第三件事是通过摇动一个脚踏板使一个小电动机保持低速运转。马达的速度也在实验者的控制之下。脚踏板放在一个位置，马达就会减速。不需要受试者改变脚，实验者就可以再次加速马达，如果要让它慢下来，受试者就必须把踏板摇到另一个位置。这些动作都很简单，经过几分钟的练习就可理解。与此同时，实验者让受试者保持警惕。碰到灯后，他必须迅速地看一眼电流表，然后再看一看那一排灯。缺氧的效果表现：用触笔太过用力或太过轻易地敲击；反应动作减慢或加快；不看灯或固定电流表而不看键从而让一盏灯走过而没有反应；延迟反应直到他在灯熄灭之前，无法用触控笔触摸到触点灯只亮了两秒钟；触摸到的触点排错了或列错了；盯着灯看，却没有努力去触摸触点。最后，他会让马达继续高速运转，让光线过去，不要对它们做出反应和未能调整电流表。在这一点上，完全丧失了能力。

我研究了这个实验对诸如书写等习惯形成的影响。在制作测试卡时，采用了标准的心理学词汇测试。一百个单词的测试被分开，放在一个帽子里，然后洗牌。当从帽子里抽出单词时，它们被打在一张标准的图书卡上。用这种方法可以得到三张（或更多）一百字的测试卡。复制卡片的任务给受试者带来了同样的困难，因为每张卡片上用的都是同样的单词，只是顺序不同。由于抄写单词是一种由来已久的习惯，所以通过在三张卡片上各写一个单词来练习并没有什么进步。受试者在正常环境下写第一张卡片。第二张卡片是在到达指定的"正确"地方15分钟后写的。在这个地方写完第二张卡片后，从一个氧气瓶中通过嘴吸入纯氧两分钟。然后将第三张卡片交给受试者，并要求他复印。下图显示了戴维斯上尉在正常气压地方的笔迹、在22000英尺处的笔迹，以及他吸入氧气两分钟后的笔迹。

我们检查和评估了接受这项测试的人的记录。可读性用笔迹量表测量,并对错误进行不同的处罚。下表将解释评分的方法。

虽然我们的记录并不完整,但结果表明,在14000英尺处,氧气供应不足的影响非常小。从这一点上看,各受试者受影响的程度不同。

有些人在16000英尺就受到严重影响,在而其他人只是在18000英尺处受到轻微影响。在这一点之后,显然每个人都显示出效率的损失,只有一个在22000英尺的记录被获得。其他两个受试者在22000英尺的高度进行测试时,还没来得及将最后两项记录下来就晕倒了。但是,实验中除了发生晕厥的情况外,在每一个案例中,只要有两分钟的给氧,他们就完全恢复了正常的笔迹。①

效率的日变化过程。为了确定白天效率的变化过程,我们进行了几个实验。显然,我们确实在寻找两个目标:①确定某一特定功能的最有效运行时间;②确定"疲劳"的扩散或转移(一组功能的连续运行对其他功能的影响)。

关于上述①,似乎没有可靠的结论。马奇说,在手动功能中,如瞄准、敲击等既要求准确又要求速度的情况下,准确度的最大值比速度的最大值来得更早。与之相反,霍林沃斯发现,单纯的速度在接近一天结束时达到最大,在接近中午时达到准确的速度。盖茨在各种测试中发现,从早上到中午,所有功能的效率都在提高;下午,人工功能的效率继续提高,而主要涉及喉部活动的功能在午餐后下降,然后最终上升。赫克特最近研究了这个问题,得到了不同的结果。似乎可以有把握地说,在饮食、睡眠、一般活动和某些一般的有机功能保持一致之前,不可能获得关于这个问题的可靠信息。在动物世界里,休息和活动的节奏可以通过改变进食时间来改变。

关于上述②,我们可以使问题更具体:假设一个学生从早上9点到下午2点半,一直在学校里匀速地学习各类科目。(主要涉及喉功能的频繁使用)。他在上午9点半时能像下午2点时一样顺利地进行数学计

---

① 我借此机会指出,在米勒尼奥医学研究实验室手册中说明其工作的12个论据中,绝大多数要么有错误的标题,要么论据与论点是错位的。

算吗？在某种意义上，赫克特可能做了这个与学校有关的问题的最仔细的研究。他在一天中的4个时段对学生进行了10分钟的测试，并以足够仔细的技术手段获得了可靠的结果。所做的工作的数量和准确性实际上并没有变化。几乎所有其他调查者都证实了这一发现。

长时间禁食对某些功能的影响。——1912年春，朗菲尔德对40岁的阿戈斯蒂诺·利维因进行了研究。在斋戒到来之前，他已经有40天没有进食了，在斋戒的第26天，他在法庭上为一个案子辩护。斋戒前他体重180磅[①]，斋戒后体重140磅。他在测试开始时的体重是134磅，最后是106磅。斋戒从4月14日上午持续到5月15日，持续31天。在此期间，每天要喝750毫升蒸馏水，但不吃任何食物。每隔一段时间进行以下测试：背诵、轻拍、力量、触觉阈值、自由联想、联想反应、取消、书写、视觉敏锐度、55分钟后的单词记忆。不幸的是，在测试开始之前，这一课题在这些功能中并没有得到很好的实践，所以改善的因素作为通过禁食可能造成的损失的补偿。虽然在某种程度上这是不利的，但在另一种情况下，它是有趣和重要的，因为它表明，即使长期缺乏食物也不会停止学习过程。

如果我们要单独考察变量，那就和之前的结论大不相同了。我们对这个禁食的人进行了试验。一般说来，在测试开始之前，没有很好地练习这些功能，肌肉力量下降了，感觉灵敏度提高了，效率明显提高了。换句话说，学习的时候就像一个人没有禁食一样。其他几项测试在性质上相似，都是在禁食的个体身上进行的，但没有同等程度的科学监督。最明显的例子是卢恰尼的成功试验，他绝食30天。据报道，默拉蒂禁食50天，坦纳博士禁食40天。显然，所有这些受试者在

---

① 1磅=0.4536千克。

禁食期间身体状况良好。卢西亚尼说:"成功在任何时候都非常渴望讨论抽象的主题。阿戈斯蒂诺·利维因和苏珊娜的强度试验结果基本一致。一个测力计被交给受试者,受试者给它一个最大的压力,然后把它还给实验者。每隔一秒用右手和左手进行十次试验。显示利维因记录的曲线很有趣。朗菲尔德是这样描述的(这个人可能是左撇子):

在右手(Ⅶ)和左手(Ⅴ)的曲线上都有一个初始的下降,这在左手上更明显。但是,后者继续下降到第11天,在这一天,它有一个确定的下降,而前者下降得更缓慢,到第9天,当它达到最大。然后两条曲线都上升到最大值,左手在第16天达到最大值,右手在第12天达到最大值(第一天的记录在谈到这个最大值时没有被考虑)。然后曲线下降,左边比右边多很多,特别是在系列的中间,前者在第31天达到最低点。两条曲线都显示出轻微的末端突增。

只要看一下曲线就会发现,这只是一幅粗略的图,在整个过程中,涨跌都是有决定的。

当天禁食开始时,左手的测功器测试平均重约93磅。禁食结束的那天,体重约为88磅。

其他影响工作曲线的因素。——效率工程师和心理学家积极地从事实验,研究许多其他可能影响工人及其产出的因素。这类实验的一种形式是分散注意力(引入相互冲突的刺激)。当然,每一个商务办公室或工厂里都有机器的噪音,打字机、电话交谈等。摩根[1]的研究

---

[1] 摩根使用的是一种仪器,当某个符号出现时,实验对象必须按一个类似于打字机键盘的键一定次数。因此,这种活动可能与打字没有太大的不同。就在受试者继续调整的时候,一个尖锐的火铃声在他的身后八英尺远的地方响起。此外,还使用了其他类型的钟和各种蜂鸣器,以及播放唱片。他的一些结论如下:噪音的初始或冲击效应是延缓工作速度。在最初的延缓之后,速度会有所提高。在分心的情况下,额外的压力被施加在键盘上,语言功能也会发生变化,如呼吸的变化所示。通过这种额外的肌肉功能的努力,单位时间内完成的工作量并没有实质性的减少。

已经表明，当通过注意力分散来保持问题的刺激价值时，任何功能的输出损失都比人们通常认为的要小得多（尽管受试者会付出更大的肌肉功能努力，更用力地按键盘，等等）。众所周知，突如其来的噪音和那些不常遇到的噪音会产生令人不安的效果，因为它们容易引起恐惧反应。当干扰是有规律的，适应的现象就会出现，工人就不会受到外来的干扰。这方面最显著的例证之一是在军队中观察到的。在空军人事办公室，当部队很小的时候，当长途电话应答声响起时，打字机不得不停止工作。随着工作的压力越来越大，办公室里的人也越来越多，一个人接长途电话时，身边的人要用15台或20台打字机，一个大房间里要用100台或更多的打字机，这是很平常的事。再一次，虽然在短时间内的实验可能表明这样的刺激没有立即的效果，但是，把办公室和工厂安排得使工人尽可能不受外来干扰，似乎仍然是最安全的。尽管暂时的实验室研究未能提供明显的证据，但人体有机体的损耗可能是件积极的事情。

最近，人们对最令人满意的照明系统进行了大量的实验。的确，现在有一个组织良好的照明工程师协会。人们普遍认为，明亮的灯光会使人感到不安，除了在绘图和非常精细工作中，要求高亮灯光的情况外，一般情况下照明均匀温和就好，而不是亮度过高。

有关于效率方法的普遍教训。——似乎对所有有关效率的实验的普遍教训在这里并不是不合适的。近年来，有一种不断转向人的研究的趋势：工业的技术和机器方面已经达到了最大的效率。如果产量增加了，那一定是因为对人类有了更深入的了解。心理学家已经指导工业界解决了这个问题。产出的增加是因为选择了最适合的人来完成任务，是因为浪费得到最大努力的消除，是因为训练方法得以改进、娱乐和适当的休息时间被允许存在，这些努力方向都是正确的。但现在行业内无疑是在滥用这种心理学上的研究成果。通过奖金制度，人们尽一切努力，呼吁人们忠诚、爱国和自豪，在最短的时间内尽可能多地从这个机体中榨取财富。我们一刻也不会停止关于如何提升人工效率的研究，但我们要保证，每一种使工人增加产出的新方法，在被推荐和采用之前，都应该从它对工人总活动的影响——通俗地说，就是它对工人幸福和舒适的影响——的角度进行研究。

两种性别的相对效率

性分化。——也许除了酒精之外，没有任何一个话题能像关于男性和女性的相对效率一样，引起如此多的派别之争。有那么多的可变因素目前还没有得到控制，因此，通过对两性进行测试而可能发现的一切，都必须被看作是纯粹暂时性的。是否有明显的差异在两性的婴儿期就表现出来，这一问题，从来没有得到任何程度的肯定。某些学校的观察往往表明，从一开始，男孩和女孩的活动就存在着差异：在他们做的手工作品里，在他们收集的东西里，在他们获得某些功能的速度里。最近有人说，在几个低年级里，男孩和女孩中写字写得好的人一样多，但过了这个时期，女孩的字一般比男孩写得好得多，男孩的字迹或多或少变得不够工整。在字迹方面，男女表现出很大的个体差异。

关于本能型和习惯型活动在早期呈现出来的不同，似乎可以说，从一开始，条件就是不同的。也就是说，我们没有对男孩和女孩进行同样的社会教育。女孩几乎立即进入一种体系，男孩进入另一种体系——从婴儿期开始，他们就在衣着、一般活动和可以玩的东西上被区分开来。直到两性在完全相同的条件下被抚养长大，才能得出关于这个问题的可靠结论。许多陈述是关于后来的本能和情感活动的。也有人指出，男人比女人更好斗，这是因为男人的本能侵略性更强，而且男人比女人倾向多变，但没有可靠的数据支持这些说法。在上流社会里，男人被教导要保护女人，永远不要"打女人"，尽可能避免和女人争吵。在社会地位较低的阶层中，警察为女邻居之间发生的争吵和斗殴进行调解，其频率可能比同一地区的男邻居之间要多得多。由于体力较差，妇女不会经常与男子进行实际的身体打斗，但这在任何意义上都不能一概而论。据说，比起男孩，父母会给予女孩更强烈的爱。在这里，我们再次发现群体作为一个整体对个体的影响。男人并不比女人更不喜欢他们的孩子，但是男人既不能照顾他们，也不愿意时时刻刻不厌其烦地关注他们的需要。因为他们更强大，或者一般来说，他们有自己的方式。随着人类社会的建立，男人比女人更容易为家庭赢得面包，这一事实使家庭分工更容易实现。离婚法庭表明，许多分居的症结在于孩子。如果孩子们不和父母中的一方或另一方一起去，那么现在的离婚比例会比之前的高得多。如果父母的爱（主要是联想的和非本能的类型）在男人身上不像在女人身上那么强烈，就不会有这场为孩子而进行的永恒的法律斗争。确实，这里有一种观点认为男性比女性对孩子有更强的依恋，因为通过得到孩子，女性得到的赡养费会大大增加，她的社会地位也会更稳固。

人体机能特性通常承认女性身材较小、拥有更少的体力，这些差异无疑会在某些运动能力的获得方面产生一些差异：例如，妇女要学会快速准确地投掷一个球或其他物体是完全不可能的。再一次，对运动记录的比较表明，女子100米短跑的速度远远低于男子。这究竟是由于结构上的差异，还是由于缺乏适当的训练制度，目前还不清楚。

在某些其他体力活动中，如打网球、游泳、潜水、打字速度等，女性的劣势并不大。以前，人们对男性和女性大脑重量的差异进行了大量的研究。霍尔已经证明，大脑重量的差异纯粹是两性在相对大小上的差异。

实验室测试已经一次又一次地表明，即使有任何差别，也很微小。据说，女性在色彩命名、考试、拼写和语言习得等深奥的活动中表现出色；而在记忆力、联想速度和准确性、数学、对颜色的不同反应等方面是平等的；男人却应该在某些方面有突出表现（根据学校的分数来判断），例如，独创性、运动的准确性、物理和化学（学校分数）、反应时间和运动速度。

就生活活动而言，女性的成就无疑低于男性。相比男性来说，很少或几乎没有伟大的女艺术家，很少有女性写过不朽的文学作品，很少有女性在器乐方面取得了巨大的成功，无论是作曲家还是演奏家。另一方面，伟大的女歌唱家和男歌唱家一样多，而且一直都是如此。极为有趣的是，小提琴是女性力所能及的乐器，却从来没有成为她们擅长的乐器。伟大的女科学家也很少出现。毫无疑问，女性在许多职业和艺术领域未能取得成功是由于社会条件。例如，只是在最近几年，大学才鼓励女科学家出现，即使在那时，她们在科学问题上也有与男科学家一样出色的表现。女性手工灵巧的训练应该从出生开始，就像对男性一样。如果女性想在科学领域取得同样的成就，大学职位必须向女性开放，就像对男性开放一样。

在讨论这些问题时，总是会出现一个老生常谈的问题，即功能周期性是否是女性的严重障碍。常识性观点和商业机构的观点是，它是一种障碍。但是，如果最近的某些实验证据是可信的，那么在这种时候，无论是在行使任何既定习惯的速度或准确性方面，还是在习惯的养成方面，都没有区别。

这些观察很少或根本没有触及真正重要的问题。基本的事实是，漂亮的女性不必在职业生涯中竞争，几乎每个女人都至少有一个对她有好感的男人。因此，当职业出现困难时，当艰苦的训练期到来时，许多妇女选择了看似容易的道路，让一些男人挣得两个人的面包。一旦接受了被庇护的地位，就没有动力也没有机会在男人取得成就的领域里崭露头角。当然，这种普遍性的说法也有例外，但没有更多的例外，仅此而已。尽管越来越多的职位向妇女开放，有吸引力的女性劳动力更替率比男性高，而且可能永远如此。因此，所有关于男女相对能力的讨论和实验，实际上都是学术性的、停留在实验室中的。

影响习惯习得的因素

关于习惯习得的概括陈述。——在过去的15年里，在人类心理学领域和动物行为学领域，关于习惯习得的研究越来越多。此外，来自这两个领域的一般结果在大多数细节上是一致的，这是一个鼓舞人心的现象。在暂时不考虑将这些发现应用于学校系统的情况下，先提出一些关于获取的一般公式，然后总结这些公式的研究的最大特点，是可行的或者说可取的。下列普遍性陈述似乎有一定道理：

1. 实践收益递减的事实。在一定的范围内，练习的频率越少，每个练习阶段的效率就越高。
2. 形成的习惯数量越少，任何一种习惯的形成就越快。显然，不管同时形成的习惯有多少，就算只有一个，在这里也是有效的。
3. 同样，在一定范围内，有机体越年轻，形成习惯的速度就越快。这种研究还没有完全弄明白。

4. 单词或其他符号材料，无论其长度如何，只要能准确无误地进行语言再现，就应该整体学习，而不是局部学习。

5. 对习惯形成的激励越高、激励越一致，形成习惯的速度就越快。

下面来看一下相关分析。

1. **实践收益递减的事实**。——这个结论现在已经为人类和动物的获取打下了坚实的基础。在人类学习中，已经研究了几种不同类型的活动。派尔比较了每天练习5小时（每天分配）和每天练习1小时（每天分配）的价值。他的5个研究对象每天工作10个半小时，在学习使用打字机的间隙休息半小时。我们称这个组为快速组。它连续工作了9天，周日没有训练，总共有90个半小时的训练。这组受试者在9天内没有做任何其他事情。其他5名受试者每天工作两个半小时，其中一个在上午8点，另一个在下午2点或3点。我们叫它慢速组。这一组工作了45天，总共投入了45个小时，和快速组一样。受试者的练习包括在打字机上抄写相当相似的材料。慢速组的工作从一开始就比较好。在第十次练习中，速度快的那组每半小时平均写287个字，而速度慢的那组每半小时平均写370个字。在第40次练习中，快速组写351个单词，慢速组写557个单词。从第40次练习开始，两组之间的差异几乎保持不变。然而，慢速组比快速组犯的错误更多。

对射箭技能的习得也进行了类似的研究（拉什利）。实验对象都被要求射击500次，而不考虑每个人每天的射击次数。他们被分成以下几组：第一组每天射击5次，第二组每天12次，第三组每天20次，第四组每天40次。选取最后25次射击的最终准确度作为衡量已经发生的变动量。第五组由巴尔的摩理工学院的运动青年组成，每天投篮60次。

他们在体力等方面与其他团体有很大的不同，因此这里不考虑其结果。这个组的记录实际上和其他四个组相当不同。每天5次的团体射击比使用更快速的方法的团体，学会了更准确地射击。

另外，实验者也研究过某些其他活动：举个例子，迪尔·伯恩在一个画画的课堂实验中发现，每天练习10分钟比每天练习两次效果更好。他对比了以下四个时间段：1次120分钟，3次40分钟，6次20分钟，12次10分钟。因此，他试图回答这样一个问题：如果你只有120分钟来练习，时间的最佳分配是什么？10分钟的时间段被认为是最好的，20分钟的时间段几乎一样好，40分钟的时间段的价值次之，最长的时间段的价值最小。

派尔论述了与学习有关的其他结果。实验对象被迫学习新的符号来代替26个字母的字母表，然后练习用这些新字母表来获得书写技能。受试者先练习了半小时，然后休息半小时，然后一整天都重复这个动作。研究发现，经过3～4个周期的工作后，其余的实践几乎没有改善；练习的永久性效果对那些整天工作的人来说也不比那些只练习4次然后就停止的人好。

虽然短期的、不经常的练习所带来的更大的经济效益和有益的影响是普遍存在的，但我们不能因此就说集中练习是毫无价值的。这取决于人类所处的环境。毫无疑问，一个人每隔一天做半小时的工作，比每天做两小时的工作，在总练习量相同的情况下，可以更好地学会飞行。似乎可以确定的是，分散练习获得的习惯的持久性比集中练习获得的习惯的持久性稍好一些。

在这种情况下，最明显的做法就是强迫自己每天都练习，直到停止提高。另一方面，这一原则非常重要，因为我们可以有效地利用未被利用的短时间，极大地增加我们的训练强度，这些训练可能在以后的工作具有重要性，或可用于我们的娱乐或放松。

2. 形成的习惯数量越少，任何一种习惯的形成就越快。——到目前为止，唯一一项以实验为基础的研究彻底证实了这种说法，它来自乌尔里奇的动物实验。如果我们把动物分成三个大组，让每组的动物处理一个不同的问题，从而建立确信的规范的三个问题，然后再重新组合，使其同时学习这三个问题，就会发现比起之前，这第四组将需要更多的时间来解决每个问题。

一些零散的实验结果似乎也证实了这一结论对人类学习的影响，但这些结果并不可靠。即使它的牢固确立几乎没有实际意义，因为它与实践收益递减的事实相冲突。如果我们试图教导年轻人通过这样的方法来学习，同时给他很少练习，那么他将在大部分时间处于空闲状态，学习很难成功。

3. 成熟度对学习的影响。——没有现成的实验能使我们从数量上看出21岁的年轻人、40岁的人和65岁的人在获得某种技能的速度和准确性上的差异。在实际生活中，有许多与年龄有关的禁忌、法律和习俗：例如，一个人在21岁之前不能投票。一个人到了40岁，就应该显示出他所有的独创性，完成他的主要工作。在那个年龄，他应该满足于自己所掌握的习惯，也就是自己的能力。从60岁到65岁，一个人的有用性应该会经历一次急剧的衰退。65岁的克莱因，他应该在这个年龄从大学、商业和专业工作中退出，接受养老金，然后过上平静的退休生活。这些年龄差别几乎没有任何实验性的理由。与这个问题直接相关的实验又来自于对动物的研究。尽管我们从动物学习中得到的结果并不十分可靠，但我们有一些证据表明，年轻动物和年老动物之间存在着差异。汉勃特女士让将近100只不同年龄的老鼠学习一个迷宫，在这个迷宫中可以精确地确定不同旅程的速度。每次无用的跑步量以及学习迷宫所需的试验次数。两组老鼠分别在生活25天和65天时开始学习，它们的实验次数一致。而300天大的老鼠需要多三分之一的时间来进行训练。在学习迷宫的过程中，年龄不同的老鼠实验次数的差异可能需要得到证实，然而，有一点是确定的，即最终执行的时间对于年轻的动物来说要比年老的动物短得多，年轻的动物在6秒内穿过迷宫，而年老的动物需要10秒。从中老年人类的角度来看，可能最重要的是，即使我们能得到的最老的动物（500天和600天）也有能力学习这个复杂的迷宫。因此，如果这样的结果能够延续到人类的领域，我们以前关于老年人缺乏可塑性的观点就没有根据了，而这无疑是可以做到的。这个概括似乎很重要，因为实验显然表明，一个在青年时期和中年时期忙于玩耍和娱乐的男人或女人，有可能在从活跃的商业生活中退休后，学会娱乐，甚至形成职业性的娱乐习惯。这样一种可能性会使老年不再是一个令人烦恼的问题，也不再是永远处于对早年经历进行没完没了回忆的状态。

3. **整体学习法与局部学习法。**——当散文和诗歌的数量相当大，必须达到可以口头复述的水平时，就像在学校中学习、戏剧工作、公开演讲等情况一样，就会产生一个问题，即如何以最经济的方式材料获得足够的产出。如果不去考虑这个问题，小学生在学习一个诗节，通常是一行诗，然后再继续下一个诗节，然后在学习了第二节之后，他回到第一节，重复两节，直到两节都能准确无误地重复。如果他在整首诗中都是这样，不管这诗有多长。当然，这意味着早期的诗节总是过于多。实验结果几乎无一例外地表明，整体的学习方法比局部的学习方法要好，也就是说，不管材料有多长，都要反复通读，直到能够作为一个整体进行复制。除了通过使用整个方法可以更快速地获得知识外，用这种方法学习材料似乎比用部分方法更好（派尔、桑迪、拉肯南等人的实验都证明了这一点)。

4. **激励越多、频率约稳定,提高越快、越稳定。**——没有单独的实验研究不同的激励对习得的影响,但从研究所有记录学习的附带结果说明了这一规律。行业承认法律,甚至在最早的学徒期就试图给予额外的金钱奖励,还承诺未来的职位、晋升等,以刺激学徒学习的效率。正如我们已经指出的那样,记录在案的学习曲线中的大部分高点现象可能是由于未能持续保持任务的高激励所致。在最近的战争中,最有趣的例子就是高激励的效果。一个从事造船业的人在任何一天内能打的铆钉数量,在新闻报纸开始利用它并在全国各地张贴各种分数时,以及在政府开始为最高分数提供奖金时,就飞快地增加了。长途飞行中的高度记录同样说明了这一原则。

日常生活中最大的困难之一就是任何刺激很快就失去了它引起情感的力量,也就是说刺激很快就不刺激了。因此,必须改变激励机制。许多商业公司承认,他们提供额外刺激的机能只能暂时增加产量。现在的尝试是引入利润分享、企业的部分所有权和团体保险(如果员工离开就会失去保险),结果更好。这些服务提供了永久性和累积性的奖励。除了保持工作的高激励性价值外,它们还减少了劳动力的流动。

第十一章

自我人格及其困扰

对个性的系统研究

导言。——在前几章中，我们主要讨论了个体反应系统的起源和功能。心理学家和精神病学家的任务往往是把个人作为社会的一员，从他在目前环境中的功能好坏的角度对他进行整体的判断，对他在新环境中的顺利反应做出估计，并具体说明他的身体机能中必要的变化，以利于现在和将来的调整。各种各样的实际情况迫使我们不断地从更广阔的角度来审视人。在做这样的估计或推论时，我们使用个性或性格①这个术语，作为一种方便的方式来表达这样一个事实，即我们不是从任何特定的情感、本能或一组习惯有多好或多差的角度来观察个人。

这可能是机器带给我们的暗示。——在课文中，我们几次将部分人的反应与全体个人的反应作了对比。为了更全面地说明这一点，我们不妨求助于力学世界，至少做一个小小的类比。船用燃气发动机是由许多部件组成的，如化油器、泵、磁电机、气门系统、气缸及其活

---

① 当我们使用这两个术语时，性格实际上是更广泛的人格一词的一个分支。性格一般是从个人对比较传统化和标准化的情境（惯例、道德等）做出的反应。性格不仅包括这些反应，还包括更多的个人和个人的调整和能力，以及他们的生活史。通俗地说，我们会说，一个骗子和一个浪荡子没有性格，但他可能有一个极其有趣的个性。

塞等。

单独测试每个部分可能会发现，当单独工作时，它的功能很好。但是除了独立的部分之外，还有许多相互联系的元素。除非轴承表面有适当的间隙，否则部件不能正常工作，磁电机必须在最大压缩的精确瞬间产生火花，润滑系统和泵系统必须与曲轴移动的部件适当连接。只有当所有的部件都正确地相互连接并固定时，发动机作为一个整体才能发挥其功能，即转动螺旋桨。

当我们说到个人作为一个整体的行为时，我们指的是这种整体性质的东西。必须记住，人类要完成的不是一种功能，而是数千种功能，如果要使整个有机体的工作有效，每一种新的职责中各肌体部分所负责的必须有所不同。只有经过适当训练的构造良好的生物有机体才能满足这些要求。迄今为止，还没有一种机械装置能像人类的有机体那样，在可能的功能的多样性方面，在整个机器的每一项新任务中，都能如此迅速地把各种不同功能的协调转换过来。

将我们可能的类比再往前推一步是很有意思的。如果我们对任何机械装置的各部分、协调系统的性质和各种相互依赖的功能有足够的了解，我们就可以对它在新的条件下如何工作做出安全的预测，或者具体说明如果该装置必须执行某种新的功能每当其他男孩试图打时必须做出的改变。例如，就我们的发动机而言，我们知道它适合高速和短时间运行。如果要用于中等负荷或被迫拉重负荷，就必须做出这样或那样的改变。我们进一步知道，现有的润滑和冷却系统不会在非常寒冷的气候下运行；现在使用的燃料系统不能用于氧气含量低的地方；煤油或原油等重燃料如果要在海水中平稳地工作一段时间，某些部件将不得不用铜来制造。

这种来自力学的提示应该使我们对以下问题有一个更明确的概

念：（a）整体和部分的反应；（b）从我们关于部分的数据和我们对机能整体性能的记录中推断出机能在新的条件下如何工作的可能性，以及为了使它发挥新的功能而对各部分及其相互联系做出必要的改变。

个性推论的实际应用。——在一个更小或更大的范围内，我们必须不断地在新的情况下与个人打交道。了解个人的部分反应以及他们在过去的情况下作为一个整体是如何运作的，有助于我们对他们在面临新情况时会如何行动做出合理的推断。因此，以这样或那样的形式进行个性研究，在任何形式的社会生活中都是必不可少的。我们每个人在生活的每一天都会面临个性问题。我们将面对严重的问题的个性，当我们被要求判断在我们孩子选择的伴侣，在企业或大学工作选择一个生活助理，开始对一些人格有病或扭曲的人进行研究和再训练。在不太严重的情况下，我们会遇到这样的问题：我们把两个人安排在一起参加晚宴，或者在桥牌派对上列出宾客名单，甚至是把两个亲密的朋友聚在一起。聪明的女主播非常了解社交方面的问题，但她们会告诉你，她们的成功并不是因为她们有什么特别的直觉，而是因为她们会研究并关注朋友生活的私密细节。

混淆了人格的概念。——虽然每个人都会同意我们讨论的因素是人格研究的一部分，但许多人会认为这种简单的看待人格的方式并不能表达全部的真相。他们会坚持认为，它包括所有这些东西，但还包括"某些其他东西"。如果有人问这是什么东西，你会发现没有直接的答案。这个词将与修饰性形容词一起使用，而不是一个有效的定义："他有一种吸引人的魅力""他能吸引人，使人着迷""能博得注意或尊重""他的个性充满整个房间"。这种用法很容易理解。以下两个要素为主。在不深入研究这些问题的情况下，我们可以先简单地说一下，上面的描述是基于儿童和青少年对权威的反应。在婴儿期和青春期，父亲、医生、牧师等都代表着权威。当他们说话时，必须迅速而含蓄地服从。孩子被抛入一种情绪状态，并必须立即执行命令。这种对权威做出反应从来没有完全消失过，而且在我们对商界和社交圈中个人的反应中一再出现。因此，在以后的生活中，那些重新唤起对旧权威状况的反应痕迹的演讲者和同事，对我们来说，是具有强烈个性的人。

在这个普遍意义上，人格判断的第二个基本要素是性或情感方面的，这里所说的性不是普遍意义上的，而是现代的精神病学家逻辑上的。当这个因素比较强时，也就是说，当说话者或联想（刺激）产生那些积极的反应倾向时，流行的描述就会用一些不同的词。男人或女人有"讨人喜欢""令人兴奋"或"引人入胜"的个性。友谊在很大程度上就是建立在这种基础上的。必须指出，根据现代用法，这种反应倾向不仅是由异性引起的，而且是由同性引起的。我在对友谊形成的因素进行统计分析时发现，诚实是第一位的，忠诚是第二位的。按照惯例，这些答案都是正确的，而得到的排名结果也符合这些人群的预期。当那个询问者要别的东西时[①]，诸如一些关键要素，同情心、亲和力等就占据了突出的位置。一般来说，下面的问题得到了肯定的回答："你一见到两个人，就能立刻断定他们的友谊基础还存在吗？"到目前为止，他们还没有努力把生活中的这个因素用语言表达出来。为什么男人爱妻子，女人爱丈夫，父母爱孩子？我们在寻找答案时遇到了同样的困难。更深层次的原因在组织词层面以下；在未分析（未

---

① 为了说明这一点，我们可以引用阿诺德·贝内特的一句话："我觉得，一旦离开他那巨大的身体所直接影响的范围，我就可能可以设法逃脱他所建议的那种折磨。但我逃不掉，他那巨大的人格之网已经撒下，我也就陷进去了。"

表述）的情感本能和早期习惯的倾斜上。这就是为什么很难让人们理智地谈论他们所说的个性。

我们从许多科学作家手中获得的关于自我、个性和性格的各种著作，只提供了极少的一点工作基础。几乎每一位心理学家和医学作家在其早期训练的背景中都有某种宗教和形而上学的前提。他找不到方法把这些编入对本能、情感和习惯的直截了当的科学讨论中。因此，在对自我和人格的最后讨论中，他把这些问题提到了前面，因为这些问题通常不能被准确地解决和面对。同样，在科学家的著作中，我们也看到了他们对权威的早期反应。它表现为不愿意承认，个人在自己的内心拥有所有行动的决定因素。我们发现有必要对自我和个性加以说明，即使不是公开地，至少也是偷偷地，把一个抗拒分析的核心或本质加以说明，而这些分析不能用遗传和获得性反应及其整合的简单事实来表达。在整个哲学史上，伯克利的"精神"、现代心理学作家的"意识"和"自我"以及弗洛伊德神秘主义者的"无意识"中，都体现了这一点。

行为主义和常识的概念。——再一次，我们似乎已经达到了一个心理学的境界，我们可以通过抛弃这些模糊的人格概念，从前提开始，从而最快地取得进步。这将产生有用的和实际的结果，能够用普通的科学语言表达出来。让我们用人格这个词来表示一个人在反应方面的总资产（实际和潜在的）和负债（实际和潜在的）。我们所说的资产首先指的是有组织的习惯的总量；社会化和规范的本能；社会化和缓和的情绪；以及它们之间的组合和相互关系。第二，可塑性（新习惯形成或改变旧习惯的能力）和保留性（被植入的习惯在废弃后仍能正常工作的准备程度）的系数都很高。换句话说，资产就是一个人的装备的一部分，它能使他在目前的环境中做出调整和平衡，也能使他在环境变化时做出调整。

我们所说的负债同样指的是在当前环境下无法工作的个人机能的一部分,以及可能的因素,这些因素将阻止个人适应变化了的环境。更详细地说,我们的意思是,我们可以列举出他目前缺乏适应性的原因,如习惯的不足、社会本能的缺乏(未被习惯所改变的本能)、情感的暴力或情感的不足或缺乏,我们可以推断,以他目前的机能和可塑性,这个人既不能对他目前的环境做出令人满意的调整,也可能对任何其他环境做出调整。

这种看待个性的方式似乎需要一个变动的标准,而且似乎暗示这样的标准是可用的。我们目前的标准是一个常识性和实践性的标准。实际上,在我们的日常生活中,我们经常与我们熟悉的人交往,并指出使他们在社会和社区生活中占有一席之地的基本因素。我们训练得越好,就越能准确地指出这些因素。关于我们将来是否会有科学准确的标准的问题,我们现在不必关心。

对人格的系统研究。——乍一看,我们可能会想当然地认为,为了研究个性,一个人应该对个人过去和现在的整个生活有一个微观的看法。毫无疑问,我们对一个人的现在和过去的了解越全面,我们对他的个性的分析就越准确。但是,出于实际和科学的目的,我们最多只能获得每个人的有限数量的数据。那么我们应该如何继续研究人格呢?很明显,我们必须依靠"抽样"。应该采集什么样本在很大程度上取决于研究的目的。从事精神病学工作的人首先认识到对活动进行系统抽样的必要性。通过实践经验,他们发现,如果他们能从个人过去和现在生活的某些方面获得哪怕是有限的数据,他们就能理解他的弱点。虽然不同的工作人员之间对于应该收集什么数据没有绝对的一致意见,但是一般的一致意见是相当接近的。有许多这样的"指南"

来系统地研究人格（霍夫曼、埃斯顿、安德沃夫、米勒、P.L.威尔斯、亚克斯以及其他人）。这些研究尚未完全从客观或行为的角度进行，但它们所产生的结果很容易在任何客观系统中得到解释。任何现代方法都应该以抛弃一切预设和把个人放在我们面前进行研究为出发点。一般来说，我们研究他就像研究其他任何实际问题或科学问题一样。我们继续这项研究，直到我们能够回答有关个人的明确问题。如果我们不能立即回答一个基本问题，我们就进行研究，直到我们可以。

下面的题目和问题只是作为一些更具体的、可研究的因素的说明，每当有实际或科学的人格判断需要时，我们都应该掌握相关信息。提出这些明确的问题主要是为了引出一些因素，这些因素是人类与各种不同的人打交道的共同经验教给我们的。我们仅仅在确定问题的基础上，对人格做出所谓的直觉和常识判断。

对人格研究的建议

一般行为水平。——①如果一个人太复杂而不能通过任何比奈式的"智力测试"来评价，那么各种特殊测试在他的信息范围、词汇、英语和文学能力、数学能力、特殊职业能力方面又能显示出什么呢？②在实际的测试中，无论是体力活动还是语言活动，他在该领域的学习能力表现如何？③关于他在这些领域的记忆力，实际测试表明了什么？在简单的实验条件下，他的观察有多准确？

本能和情绪机能和态度的一般调查。——活动的数量和种类是丰富还是缺乏？是否有特别的活动，使他能够轻松地接受培训，并保持良好的记忆力？对于新情况、思想体系和文献，他是否表现出正常的调查行为（好奇心）？他有用手做事的诀窍吗？他是用还是用这种做事的方法来代替打牌、跳舞、打高尔夫球和其他的娱乐方式呢？他有什么特别的爱好？他早期（阿道夫斯之前）性启蒙、性依恋和性好奇心的历史是怎样的？是否有一些本能的特征，特别是在排除性和性功能方面，还没有社会化，例如一般的身体展示，身体部位的展示，等等？他的情绪反应是平衡的还是过度的或情绪不足的；当某些话题正在讨论或某些情况出现时，很容易心烦意乱，变得生气或暴力，或不适当地退缩？如果是这样，什么情况下最容易引起原始类型的情感活动，如恐惧、愤怒、爱，等等？家庭成员之间是否有强烈的依恋或敌对？他们是已经长大了，还是已经进入了成年期？他现在会被归为娘娘腔呢，还是被归为男孩子呢？当他还是个孩子的时候，有没有因为被拴在母亲的围裙线上而受到嘲笑？有多少幼稚的情绪反应和态度被带入成人生活，比如咬指甲、玩嘴和脸、吐痰？"他的情感生活更有条理的宣泄方式是什么，比如做白日梦、制作或写一些奇思妙想的作品"？（请参阅前文关于情绪的那一章，以及本章关于个人倾向和特性的那一节。）

一般工作习惯。——他是一个做事拖拉、爱找借口、喜怒无常的人吗？他能准时完成任务和约会吗？当他被某项任务困住时，他是会因为情绪波动的迹象而轻易放弃，还是会一如既往地坚持工作，直到克服困难？他工作到极限了吗？抑或总是有自我放弃的倾向？在离职时，他是第一个放弃工作的人，还是会比规定的时间晚工作？他反对增加额外的职责吗？在他身上他的职责必须制定详细计划来安排，还是只需要给他一个大致的轮廓？你认为他是足智多谋，还是只做家务和日常琐事？他作为一个男孩或男人曾经建造、设计或计划任何新的对象或从零开始做成一件事？他的职业生涯和成就的历史是怎样的？

在不同的年龄，他的收入是多少？他是固定在目前的成就水平上，还是在稳步或快速地进步？如果没有进步，他的工作是否与他的成就相称？如果他的责任更大，如果他有更多的困难要应付，他会在另一个领域工作得更好，还是会从目前的成就水平上升？

活动水平。——你认为这个人懒惰、勤奋还是积极从事体力劳动？他是健谈还是沉默寡言，语速是缓慢还是飞快？他是讲故事的人还是临时的扬声器？他的行为或言语是暴力或粗鲁的吗？他喜欢突然爆发的大声谈话和频繁地笑吗？他的作品和讲话是否有系统和逻辑性？他的动作是否有良好的形式，还是他的步态、工作和说话都很笨拙？你认为他是一个总是匆匆忙忙、坐立不安、急不可耐的人吗？他是不是一直在说他有很多事情要做，还有很多事情没有做？他能把工作放在一边，还是必须把它带在身边，至少在谈话中，带进他的社交生活和娱乐时光？

社会适应性。——他和他的妻子、父母、直系亲属、生意伙伴、娱乐伙伴相处得好吗？他与他人交往的历史是怎样的？他在自己和异性之间有多少亲密的朋友？多长时间（从婴儿期开始或在以后的生活中）形成的和这些朋友的关系？在一个新的环境中，他是否能轻易地结识其他人？他多久能适应了新环境？在机智、好争吵、合作等方面，你如何评价他？除了他可能拥有的金钱或社会地位外，他的社会关系是否为他人所追求？总的来说，他对朋友忠诚吗？他是否积极努力地挽留朋友？他曾经当过男主角吗？他在比赛、运动或社会生活中担任什么重要的角色？

娱乐和体育。——他的游戏活动的主要类型是什么？他在这些活动中有多成功？他是那种类型的运动员吗？或者说，他是一个全面的运动员吗？他是否牺牲了他的工作和责任来满足娱乐和体育方面的需求？他是否喜欢特殊的游戏形式，尤其是纸牌、轮盘赌之类让人着迷、让人觉得非常刺激的游戏？

关于性生活。——当出于科学目的被问及他的性生活时，他会畅所欲言吗？还是他会避免提及他生活的这个阶段或某些时期？他是否倾向于过于随意地谈论他的性经历或吹嘘他的出色表现？从他那里尽可能仔细地获得一份关于他性生活中的主要事件及其对他的生活史的影响的陈述。这里包括青春期的挣扎、如何痴迷异性、他喜欢的类型，等等。他把自己的成功或失败归结于这些因素吗？

如果结婚了，你们之间的关系是怎样的？他是深情的、善良的，还是嫉妒的、易怒的、吹毛求疵的？他是盛气凌人还是逆来顺受？拘谨、冷淡或回避是这段关系的标志吗？是否有任何形式的变态、残忍等倾向？他在某些食物和气味方面有什么特殊的地方吗？已经生孩子了吗？家庭生活建立起来了吗？是丈夫和妻子有同样的朋友、玩同样的游戏，还是仅仅因为社会压力或孩子的共同责任把他们联系在一起？

对传统标准的反应。——以一般标准（并特别指他所生活的群体）来判断，他是否诚实、守信、注意他人的权利和声誉？他的观点和声明是坦率的，在金钱问题上是可信的，还是相反？具体地向他提出这样的问题：在任何情况下，撒谎、偷窃、欺骗、与订婚或已婚的女人相爱并告诉她，是否都是正当的？如果只能选择一种，是杀死另一个人还是自杀？

个人偏见和怪癖。——他早年的家庭、学校或宗教训练是否给他灌输了与当前环境不符的固定的反应模式？也就是说，当他看到一个女人抽烟、喝鸡尾酒或和一个男人调情时，他是否很容易感到震惊？他的许多同事都不去教堂，他是如何反应的？过去在早期家庭生活、婚姻或商业生活中的失败是否形成了一种"变态"的性格或态度？他变成了一个憎恨女人的人，一个对社会法律和秩序的叛逆者，总的来说是一个"厌女症患者"，还是他对失败的普遍不安采取了另一种形式，即他实际上把自己附在了每一个新的思想运动上，或者是哲学、宗教、艺术、政治、音乐？他早年在喜欢的人那里受到的爱抚或虐待，是否使他变得自负、胆怯、骄傲、专横，还是说他在这些方面总体上是态度平和的？仔细观察他，尤其要注意他的沉思和敏感。"他敏感的主要表现是什么？这种敏感是如何表现出来的？"是把自己封闭起来，对社会交往设置障碍，还是抱怨所有人都反对他？总的来说，就新的事业而言，他的失望和成功给他留下了什么影响？

当他被迫面对声音、姿势、步态、外貌、器官上的缺陷或弱点时，这些特征是否会激发他的情绪？这些已经被调整和补偿到这样的程度，他会自由地和你谈论他们，还是它们已经在他的内心形成了一种永久的自卑态度，在行为上有许多特点来弥补这些弱点？他是否在涉及肮脏、金钱和小过失时过于小心翼翼？你会把这个人归类为浮华和过度打扮吗？他会求助于美容、香水等吗？他花钱大手大脚，有炫耀的倾向，还是他吝啬而容易亲近？

平衡的因素。——一般来说，他是如何应对那些无法克服的困难的？放弃仅仅是让他不适应，还是通过转向其他活动而不浪费时间和不严重的情绪崩溃来获得调整？在失去地位、父母、朋友、爱人、妻子或孩子之后，曾经有过怎样的调整？总的来说，他是否找到了令人满意的替代物和平衡物来弥补他所放弃和失去的东西，弥补他在特殊机能方面的弱点？例如，如果他从来没有学过演奏，他会用什么来代替呢？如果他从未结过婚，有什么因素可以弥补？如果已婚但没有孩子，有什么补偿（宠物、收养其他孩子，等等）？他的不平衡的倾向是如何表现的：鲁莽、放纵、狂热、寻求刺激、暴饮暴食、衣着，等等？当他遇到麻烦或家庭关系失衡时，他求助于游戏、音乐、戏剧、舞蹈和俱乐部生活以转移不满意情绪吗？他有没有全神贯注地工作，使自己时刻保持在一个平衡状态中，以便在其他事情出错时得到补偿？对于那些他无法得到的东西，他又能说些什么呢？比如说，一个人在高尔夫球上的成绩一直很差，但他却为自己比俱乐部里的任何其他成员都"好"而自豪。突然获得的金钱通常是缺乏教养和社会地位的一个平衡或补偿因素。一个缺乏美貌的女人，在她的头发上，甚至在她的脚的大小上，或在她的手的形状上，都把自己打扮得过于讲究，或者两者兼而有之。一个特定的家庭缺乏特殊的认可和地位，往往是由他们有一些亲戚拥有被认可的能力和成就这一事实来补偿的。

宗教和教会的工作对他来说是一个保持平衡东西的吗？一个他承担责任、一个他获得权威的渠道、一个他在困难时期从情感紧张中获得解脱的途径？他会把责任和烦恼加在上帝或其他人身上吗？

人格研究最终属于实验室。——在对人格的研究中，我们可以使用上述的轮廓来缩小问题的范围，使其更具体，然后用符号＋标记与平均值相关的因子的过剩部分，用符号－标记因子的缺失或不足部分（维尔斯）。我们可以通过生活在一个人的身边，在日常的工作和娱乐中系统地观察他来获得我们的数据。我们系统地询问他、研究他的梦，或者可以把他带到实验室，用实验方法完成我们的分析。不幸的是，实验室①虽然还没有准备好广泛地进行这种工作，但正在取得非常

---

① 可以看出，这整个问题主要与我们在日常生活中看到的诊断和评估有关。它没有计划去足够地寻找，以便对人格障碍的病因学或因果关系给予更多的解释。人格的这一阶段，虽然具有明显的心理学性质，但目前更特别地属于精神病学领域。

迅速的进展。在今后几年中，实验室应取得进一步的进展，以便能够通过实际测试进行有用的和全面的人格调查。

总结。——"当我们面对我们的个人，通过系统的提问和尽可能的实验，研究他在日常活动中的行为，并对上述问题得到满意的答案时，我们就会了解他的性格。"我们可以根据情况需要使研究尽可能完整或粗略。对于参加家庭聚会的客人，我们唯一关心的是要确保这个人是有价值的、体面的、有吸引力的、对别人和蔼可亲的。他会参与集体游戏，他的个人特点不会过分突出，以至于使别人尴尬。在试图将一个心理变态的人格恢复为正常的时候，我们的研究将不得不做得比我们上面概述的更加完整。

虽然我们在上面的简述中没有强调过这一点，但是，如果没有仔细研究个人的遗传、个人疾病、药物使用等方面的间接信息，对一个人性格的检查就不完整。为了把这些因素组织起来，并把它们与更详细的个性数据联系起来，Meyer准备了一张生活表，上面记录了每个人的重要的个人数据。毫无疑问，每个心理学学生都应该为自己做一些这样的生活表，甚至是比我们上面所描述的更详细的性格研究。在仔细审视下的自我和个性不再是神秘的，而是可以通过仔细观察来解决的问题。

快速研究人格的方法。——"对人格的研究无疑是一项真正的研究，以系统的方式对每个人进行研究"，这种观点直到最近才得到承认。几乎从人类最早的历史开始，某些快速的人格判断方法就被使用。虽然除下列第①项外，这些方法基本上都是毫无价值的，但大众仍然相信它们，从而可悲地使自己成为肆无忌惮的骗子和误入歧途的狂热分子的牺牲品。这些判断基于四组不同的数据：①声音、手势、步态、姿态、着装。②头颅与颅骨形成的差异。③生物特征的差异，如眼睛的颜色、头发的颜色和类型以及手指的形状。④字迹差异。所谓的性格专家应该研究这些差异,并对即将被企业聘用的男性和女性做出判断。自古以来,这样的先知就在我们中间。基于这样一个事实,即他们50%的判断一定是偶然正确的,而且作为精明的观察者,他们还可以再增加15%的正确选择(任何与其他人有广泛接触的人都可以做到这一点)。我们将考察在这些迅速决定性格的过程中所涉及的一些既定原则。

(1)基于声音、手势、步态等的性格判断。对一个人的短暂一瞥很难揭示他的个性。然而,某些迹象已经成为经典的性格指标,如方下巴、坚定的嘴、智慧的眉毛、挺拔的姿态等。人们常说,一个人所过的那种生活,已经印在他的脸上和身上了。劣等人在态度上表现出劣等,一个人如果不知足、爱抱怨、吃苦耐劳,他的脸上就会有皱纹,例如他的嘴唇会耷拉下来。最近,肯普弗更加重视这样一种观点,即身体态度揭示了个体的"自主奋斗",这是大多数人都不愿意承认的。在极端的情况下,即使是一个人的静态视图或照片也足以揭示关于个性的许多因素,例如,他是一个白痴,或某种类型的精神分裂症患者(如麦当娜的态度所揭示的,等等)。但是,没有一个真正研究人性的人会过多地仅仅依赖于一个静态的角度或从他的照片中所能收集到的东西。目前没有心理学家声称,他能通过照片或仅仅通过直接的目测从正常人中挑出有缺陷的人,如果他这样做了,就会失去同事的尊重。然而,目前有许多所谓的"专家"宣称不仅能做到这一点(这是性格研究的第一步),而且还能从照片或静态视图中判断个人是否适合某类职业。事实上,他们背后有资本,他们的广告也是在知名杂志上拍的。

当我们从静态的观点过渡到对行为的粗略观察时,我们就完全处于不同的基础上了。人们可以与一个人共进一次晚餐，并将他置于一个传统的社交范围内。通常，只要说两句或三句话，甚至几个字，我们就能收集到大量有关他的一般社会和教育造诣的资料。一个十分钟的谈话，巧妙地进行，将带来相当可观的数据，受教育程度等个人信息都会被集中显示。激进的反烟者、反酒者、妇女参政论者、憎恨男人或女人的人、宗教狂热者，在揭示他们所拥护的生活事业的情况下，十分钟都遮掩不过去。带着他的新哲学理论而来的怪人、新的预言家、信仰的医治者和被遗弃事业的促进者，都不失时机地宣扬他们自己。再一次，对一个人行动的无声观察向训练有素的观察者揭示了他的个性，包括他的技能和他的情绪平衡能力。在情感这一章中，我们已经在一定程度上发展了这方面。至少暂时的痛苦、折磨、沮丧和高兴的迹象不会长久地隐藏着。不管这种状态是永久性的还是特征性的，都不太容易被注意到，但是，正如我们所指出的，比较持久性的情绪障碍并不是没有明显的标志，如习惯性咬指甲、面部肌肉的抽搐和其他抽搐、口吃和无法坐稳。

因为我们很少有时间或方法在实践中系统地检查个人的个性生活，很明显，我们的大多数直接推断是基于服装、礼仪、握手、步态、面部表情的变化、身体的变化等因素。加上我们通过讨论他的生意、体育和一般的好恶等特殊信息来收集他的个性资料。没有特别的科学技术可以用来做这样的推论，我们经常不得不修改我们的结论。毫无疑问，我们对新来者的反应和态度是由这些有点肤浅的迹象决定的。由于这些第一印象的刻板化，我们在后期往往很难改变判断。

（2）头骨和头部标记（颅相学）。颅相学的历史众所周知，在这里就不讨论了。它的拥护者认为，头骨的外部标记、某些部位的过度发育和发育不足与大脑的过度发育和发育不足有关。颅相学建立在两个错误的观念上：第一，大脑与颅骨表面的各种突起相一致；第二，所谓的官能，如恋爱、自信、野心等，是与大脑的任何特定部分相关联的。历史不断地表明这样一个事实：头骨上的突起可能常常不是脑组织中相应发育的迹象，而是脑组织中潜在缺陷的表现。一般来说，大脑的轮廓是平滑的，就像我们在学习神经系统时学到的那样。正如已经指出的，神经生理学家很少强调大脑功能的局部化。因此，颅相学没有一个科学依据来支持它。尽管如此，它还是有一段非常有趣、有时也很有效的历史。颅相学唯一值得称道的是，人们对它的广泛兴趣导致了对大脑的科学研究，而这一研究最终完全推翻了颅相学的"理论"基础。到今天，颅相学还在起作用吗，在那些所谓的"专家"的"理论"中？

（3）生物学特性的差异。最引人注目，同时从金融学角度来看也是最成功的，是最近发展起来的"非科学体系阅读"。它是指通过头发的颜色、皮肤的颜色和质地、眼睛的形状，以及鼻子、嘴、手和手指的大小和形状来识别。为了揭露鼓吹这一观点的江湖骗子们夸夸其谈的谎言，我们只需指出，我们有几个公认的生物学和人类学实验室，它们的研究人员耐心地记录了个体特征和生物标记。如果这些特征和这些标记之间有某种联系，那就很难逃过他们的观察。这种相关性可能存在，但发现它们并将其付诸实践的科学家将永远在科学界占有令人羡慕的地位。

（4）书写和个性。自1662年意大利的卡米洛·巴尔多发表了一篇关于通过笔迹判断一个人性格的论文以来，人们对这一课题的兴趣日益高涨。比奈、普赖尔和其他研究人员对性别与笔迹、笔迹与一般性格之间的关系做了一些观察。为了测试性别是否可以从笔迹中确定，他拿了180个信封，这些信封大部分都是通过邮件寄出的，但所有的封条、标题等都被去掉了，他把这些信封交给了两位专业图学家和15位不懂图学艺术的人。在这些信封中，89封是女性写给比奈本人或其家人的，91封是男性写给他的。当然，这里有一个错误，因为这个人可以猜测笔者的性别，因为这些信是写给家庭中的女性成员。非专家在比奈试验中做出正确判断的比例平均约为70%。其中一位专家杰米的预测正确率为78.8%。比奈的结论是，通过一定比例的错误来判断笔迹的性别是可能的。唐尼女士改进了这种方法，把所有的信封都寄给了一位女士。公司雇用了200名员工，除了4名员工外，其余都是邮递员。这200名员工中100名是女性，100名是男性。这200个信封被交给了13个人，每个人都记录了他对写信人性别的判断，这13个人的年龄从15岁到50岁不等。在目前的测试中，正如在法国的测试中一样，正确的百分比都超过了60%。唐尼小姐总结道："我对自己研究结果的分析表明，在100个案例中，有80个可能通过笔迹判断性别。"做出这些判断的依据很难确定。一般说来，观察员们无法说明其中的差别。男人的手要有独创性，女人的手要墨守成规；据说男性的写作比女性的写作表现出更大的变化范围。这有时会导致错误。这些特征在任何一篇文章中都没有得到很好的分析。

许多测试，在自然界普遍流行，已经确定了某些笔迹符号与性格有一定关系。比奈从雷南和柏格森等37位公认的高智商人士那里获得了笔迹样本。在每一本书中，他都安排了一个教育程度和社会地位相当，但造诣一般的人来写。笔迹学家被要求说明每对笔者中哪一位更聪明。杰米以36个判断中仅有3个错误的惊人分数（近92%）脱颖而出。其他6位图形学家的分数分别为86、83、80、68、66、61，都明显优于随机。

比奈还收集了11个臭名昭著的杀手的笔迹样本。他在每一本书中都配上了一个普通的守法公民的笔迹，这个人的生活水平相当低下。笔迹专家被要求辨别出两位笔迹的主人中哪一位在普遍道德方面更优秀。又一次，雅明表现最好，11次失误中有3次，占73%。

笔迹学家们断言，他们通过如下的笔迹符号来识别字迹：

雄心壮志 ……………………	书写的线条向上倾斜
骄傲 …………………………	书写的线条向上倾斜
力量 …………………………	（a）粗线条
力量 …………………………	（b）t上的横杠较粗
毅力 …………………………	t上的横杠较长
矜持 …………………………	a和o靠得较近

赫尔和蒙哥马利最近对其中一些所谓的相关性进行了详细的测试。研究对象是威斯康星大学的17名学生，他们都属于同一个医学团体。巴赫首先被要求以他平常的方式从一本流行杂志上写一段话。写作是在每个受试者自己的房间里，在他固定的书桌前，用他自己的笔在统一的、没有横线的优质纸上完成的。写作结束后，研究人员给受试者一组16张小卡片，每张卡片上都写有其他受试者的名字，但不包括他自己的名字。他被指示将这些卡片按照每个卡片上所写的人所拥有的野心大小来排列，由此获得了排名。然后对写作进行测量，m、n和t是特别测量的，雄心的排名与写作线明显的上升或下降相关。一项统计测量显示，对于有抱负的人来说，他们的书写没有任何向上倾斜的倾向。研究对象的骄傲程度也进行了排序，每个人的笔迹都根据倾斜的线条进行了检查。没有证据表明他们之间有所谓的关系。对羞怯进行了排序，并检查了这段文字中10个t向上笔画的弯曲处线条的细

度。测量是用显微镜和一个千分尺在目镜。统计数据显示，害羞的人没有细线书写的倾向。以类似的方式对力量进行排序，并测量每个受试者的笔迹。没有证据表明有说服力的人比其他人写t时更重。没有发现毅力和t的横线长短之间的相关性，也没有发现a和o之间的远近和是否内向之间的相关性。

因此，这些学生的测试结果都是负面的。当一个人审视与这类人格研究有关的全部文献时，他很快就会相信这是一种夸大其词，所谓的结果经不起批判性的实验检验。

习惯干扰及其对人格的影响

导言。——近年来，这一观点得到了广泛的认同，即性格所继承的许多弊病是由于行为方面的失败和缺陷，而不是由于机体本身的缺陷。正如我们在前文所指出的，身体的不同器官，心脏、肺和胃，可能都能正常工作，但作为一个整体，人类机体的调节可能是不够充分的。分离的解剖和功能元素是存在的，但整合是不好的。我们看到，在这种缺乏整合的状态中，从在联想测试中对某些词语犹豫不决的正常人，到在诊所中丧失手臂、腿或视力的歇斯底里的人，都有不同程度的变化。[①]

在不试图考虑更精细，只是泛泛而论的情况下，人格障碍及其原因的领域主要属于精神病学。让我们考虑一下从实验室研究中提取的一些例子，在这些例子中，习惯机制被实验性地抛出了常态，然后研

[①] 我们在讨论习惯性干扰时，假设有机体正常工作，即没有实际化学和临床试验所显示的变化和中毒等损失。

究一些关于日常生活中习惯干扰对人格的影响的概括。我们提到人格障碍问题的原因是，正如本章前面所述，没有一个人的人格是完全一成不变的。我们所有人都是训练和遗传的实际产物。因此，对人格障碍背后的一些因素的深入了解似乎是最基本的训练的必要部分。

通过实验证实了习惯的暂时干扰。几年前，斯特拉顿做了一系列非常有趣的实验，通过在眼睛前面戴上镜片、棱镜和镜子来测试视觉运动反应的效果。例如，在一个实验中，一个镜子被水平地戴在头上，一面小镜子被放置在前方，以便从水平镜中接收恢复的图像。因此，身体的形象变得水平，而不是眩晕。因为使用了两面镜子，所以当一个人照镜子的时候，没有左右的反转。这样，观察者就不得不从一个明显高于自己的角度来观察自己。

实验持续了三天。视野覆盖了整个身体，但也有限，如眼睛是蒙着的。当然，这个实验把所有的常规习惯都抛在了一边，导致受试者头晕目眩、失去平衡。脚和手缺乏精确的协调。在一定范围内的物体会被触及，就好像它们在一个更大的距离上。视觉调整的过程几乎同时开始，而且进展很快。到第三天快结束的时候，虽然偶尔会有摸索的动作，但动作自由而准确。换句话说，新的习惯系统取代了旧的习惯系统。直到受试者对新的视觉习惯系统和旧的一样熟练，实验才继续进行。

同样的现象也出现在佩戴隐形眼镜时，所有的视野都显得奇奇怪怪的了。走路和睁着眼睛看手的动作是非常奇怪和充满惊喜的。自然地，当眼睛对其他物体做出反应时，旧习惯就会重新出现，反应也就相应地发生了。肢体通常从与真正想要的方向相反的方向开始。当我看到我的一只手旁边有一个东西，我想用那只手抓住它，另一只手就是我移动的那只手。这个错误后来被发现了，经过反复试验、观察和改正,终于得到了想要的结果。在第一次测试中,新习惯的支持系统被建立,环境中对视觉生物的反应变得正常。关于这些实验,一个有趣的事情是,当镜头或眼镜被取下时,受试者会回到他原来的反应系统,几乎没有任何干扰。干扰因素存在的时间不够长,不足以使受试者在干扰环境改变后的反应。在后来的实验中,这些测试持续了更长的时间。在第三个实验中,视觉对象的左右关系再次颠倒。斯特拉顿讨论了他自己的行为如下:

几乎所有在视觉的直接引导下进行的动作都是费力而尴尬的。经常做出不恰当的动作:例如,为了把我的手从视野中的一个地方移到我所选择的另一个地方,如果正常的视觉能力存在的话,肌肉的收缩会完成这个动作。而现在,为了把我的手移到一个完全不同的地方,我尝试发出一个动作,然后这个动作被制止,开始向另一个方向移动。最后,通过一系列的靠近和修正,把它带到选定的点上。在餐桌上,即便是最简单的服务,也必须为自己谨慎地制定行为规则。任何东西放在一边,总是用另一只手去抓。到了第五天早餐时,戴隐形眼镜的不合适的手很少用来拿起一个物体在一边。运动本身比较容易,不那么难以达到,而且很少朝着完全错误的方向进行,走路时不会常常碰到东西。到了第七天,几乎所有的视觉反应都是完美的,尽管有时会出现一些冲突。到了第八天,在摘掉眼镜的时候,出现了一些不适,一直持续到第二天早上。"我朝地板上的某个障碍物走去——比如一把椅子——为了避开它,我转错了方向。因此,我经常要么在努力绕过它们的过程中遇到问题,要么犹豫片刻,不知道该做什么。我发现自己不止一次不知所措,不知道该用哪只手去抓身边的门把手。两扇门并排通向不同的房间,我却常常要打开一扇错的门。走到楼梯时,我在离楼梯近一英尺的地方爬了上去,在这个时候,我在写笔记的时候，为了保持中心位置，我的头不断地做出错误的动作。视野却在我写作的地方附近。我抬起头来，其实我的头应该往下仰；我把它移到了左边，而它本该移到右边的。"如果一个人仅仅从表面上检查斯特拉顿的反应，而不知道不适应的原因，在摘下镜片后的第一天里，判断斯特拉顿的行为是否正常，就会得出他缺乏平衡和丧失了基本理智这样的非常错误的结论。这些视觉反应无疑是令人遗憾的"脱离现实"，但这些令人不安的因素并没有表现得足够长，也没有表现在他的情绪状态中，以至于没有涉及他其余的机能的反应。

当然，对于习惯和情绪反应高度稳定的正常成年人来说，通过引入暂时的干扰因素而对人格产生任何严重和持久的影响是非常困难的。在个体为较为敏感的神经质的情况下，即使只是暂时性情绪因素，也可能使整个机体的反应系统降低到婴儿的水平，这在炮弹震荡（指长期作战引起的精神紊乱）的情况下得到了充分的证明。

正是在婴儿期和青年期，令人不安的环境因素造成了最严重和最持久的后果。

反应体系的休止和调整。——在人类发展的整个过程，从婴儿到老年，但主要是在青年时期，不仅有习惯的养成过程，还有遗传性的改变。同样重要的是，消除那些只在一定年龄内发挥作用的反应系统。旧的情况让位于新的情况，随着情况的变化，旧的反应方式应该被抛弃，并形成新的。正常的婴儿在经过几个月的步行后，不会再回到爬行的习惯，年长的人在学会使用工具后，也不会对积木和玩具表现出有组织的行为。过去一年养成的习惯在新的一年中将不再有效。我们的社会活动和我们对事物的日常反应都是如此。我们成年后的朋友通常不是我们童年和青春期时期的朋友。抛弃过程不是一个积极的过程，它几乎完全是由这样一个事实引起的：随着年龄的增长，社会和物质环境会发生变化，如果一个人要适应不断变化的环境，就必须养成新的习惯。毫无疑问，当面临新情况时，旧习惯的完整性以及与之相关的不起作用的情感因素被丢弃了，这极大地改变了每个人发展成的性格类型。当个体像通常情况一样，不断地面临着能够遇到的新情况，当要被淘汰的反应系统还没有被不良的环境太彻底地固定时，旧的秩序就会让位于新的秩序，不会留下痕迹，也不会有不利的因素出现。但在遗传性不好的地方，童年的疾病、父母过度溺爱或粗心大意的地方，新的习惯秩序就会较难养成。个人仍然被他的过去所束缚。也许没有人能毫发无损地度过童年和青少年时期。当再次面对成年人的早期情况时，可能不会唤起婴儿的公开反应，但他们也不会完全失去激发旧的内隐情绪活动的能力。这一观点最具说服力的证据来自精神病理学，但日常生活也为我们提供了令人信服的证据。很多人都有"水密舱"，里面装满了旧的反应系统，可以抵御成年生活的风暴和压力。早期的宗教和社会训练很难或根本没有改变。"谈论和思考在母亲膝下学到的东西的方式，有时直到最后都没有改变。"只有改变了，才能对新情况做出正确的反应——旧的习惯在新环境中行不通，但旧的不会让位于新的。因此，个人始终处于一种未经调整的状态。一些例子可以帮助我们理解受挫的倾向是如何产生的，以及性格是如何受其影响的。一个人成为一名心理学家，尽管他对成为一名医生有浓厚的兴趣，因为在那个时候，他更容易通过心理逻辑训练。另一个追求商业生涯，如果可能的话，他会成为一名剧作家。有时由于母亲或弟弟妹妹需要照顾，一个年轻人不能结婚，即使交配的本能是正常的。这样的行动必然会在其人生的列车上留下受挫的冲动。同样，一个年轻人会结婚并安定下来，大量的实验数据表明，如果他没有家庭的负担，他的事业会发展得更快。另一个人结婚后，即使他自己没有用言语表达他的婚姻是失败的,却在行动上渐渐地把自己从任何情感的表达中隔绝开来,把自己从婚姻状态中解脱出来,用某种令人沉迷的工作代替自然的家庭关系——更多的是爱好速度、狂热和各种过激行为。与此相关,值得注意的是,在最近的战争中,妇女是如何迅速地投身于各种工作的。在目前的社会状况下,女性不能像男性那样有机会从事各种各样的工作,因此她们发展的机会比男性要少得多。如果我们的分析是正确的,那么这些未经锻炼的倾向,除了我们正在做的事情之外,是永远无法完全摆脱的,除非我们能够重新建立自己,否则我们也无法摆脱它们。当刹车失灵时,这些失调就会表现出来——也就是说,当我们成年后的讲话和行动习惯处于低水平时,比如在睡眠、白日做梦和情绪困扰时。因此,梦、日常生活中的失误和意外往往成为研究人格的重要因素。

许多但不是所有这些被阻挡的倾向的发展可以追溯到童年或青春期——这是一个紧张和兴奋的时期。在童年时代,我们经常看到这个男孩在某些方面像他父亲一样对母亲做出反应。女孩也变得和父亲很亲近,在某些情况下,她对父亲的反应和母亲一样。从大众道德的观点来看,这些倾向完全是"无辜的"。但当孩子们长大后,他们会从这样或那样的地方学到,这样的反应要么是"错误的",要么是不寻常的,然后,丢弃和替换的过程是必要的。替换或替代通常是非常不完善的。宗教信徒所说的"当我们成为人的时候,就把幼稚的东西丢掉"是在现代心理学出现之前出现的。我们不会让他们远离我们——我们取代他们,但他们永远不会成为我们完全失去他们的冲动力量。父母对孩子表现出过度的情感反应——过分溺爱他们——往往会鼓励这种反应,使正常的替代变得更加困难。在以后的生活中,旧的习惯系统可能会以公开的方式表现出来。我们不时地会发现,一个母亲早已过世的年轻人，在与他交往的女孩身上找不到什么吸引力。他自己也说不出这种漠不关心的理由，如果有人给他做出真正的解释，他可能会生气。同样，成年人可能会对孩子产生过多的依恋。这种情况经常发生在丈夫去世后留下一个独生子的妇女身上。儿子取代了父亲，而她的反应在她看来只不过是一个忠诚的母亲的反应。

这些例子都是从日常生活中挑选出来的。它们让我们深入了解每个人的性格和个性。它们表明，为了了解一个人的弱点和长处，我们必须对他有更多的看似肤浅的了解。性格和个性不是一夜之间形成的，也不是像蘑菇一样生长的。总之这里有一个看起来较为稳妥的概括：年轻的、被淘汰的和部分被抛弃的习惯和本能的反应系统可以而且可能总是影响我们成人反应系统的功能，甚至在一定程度上影响我们形成新的习惯系统的可能性，而我们必须合理地期望形成新的习惯系统。

习惯扭曲的精神病理方面。——作为研究正常行为的心理学家，我们对精神病理学的研究范围仅限于上面所讨论的习惯扭曲和精神病学家所认为的"精神疾病"之间的联系。众所周知，在人格障碍患者中，现代精神病理学家有脱离病理学家疾病观念的趋势。当病理学家和生理学家去精神病院时，他们很可能会立刻四处寻找，从脑细胞损伤、感染、中毒等方面对病人的情况做出充分的解释。对他们中的许多人来说，这是不可想象的，就像对街上的一个人一样，从一个因果关系的角度对病人的疾病进行充分的描述，而不诉诸病理学、生理学或医学化学。许多人认为，在这种情况下（纯功能性病例），神经系统和化学测试应该而且必然会显示出与正常人的一些变化，当找不到这种机体干扰时，他们坚持认为变化是存在的，但性质非常微妙，以至于逃避观察。换句话说，我们可能会有一个病态的人格，它是由习惯的扭曲和疏远导致的,而这种扭曲导致的补偿因素(有用的习惯)不足以支撑一个人在社会中前进。他与环境脱节,除非有人帮助他,否则他肯定会在竞争中失败。正如我们所指出的,习惯扭曲可能而且确实经常在婴儿时期就开始了。溺爱的母亲偏爱某个孩子,允许他吃他想吃的东西,玩他需要的东西,不给他任何权威的表情和语言,为他做任何事,甚至预见他的要求。在这样的制度下,走路和说话都要推迟。当要求被拒绝时,他们会哭泣、叫喊、踢打和尖叫。他在少年时代被宠坏了。每当其他男孩试图打他使他改邪归正时,他的被宠溺人格就会占据上风。他的学习不是强制的,他没有被教导去工作,去挣额外的钱或者去承担他的责任。对说谎和欺骗的处理还不够早。正常的负担和对自己的不幸的责任没有被灌输。只要旧的有利环境存在,他就会漂浮,但当危机发生时,当他被迫独自面对这个世界时,他没有足够的能力去做这件事。他的资本不够用。世界上到处都是这样的"漂浮残骸",由于他们拥有良好的生存环境,其中许多从未去看过精神科诊所。战争带来了一些有趣的案例,一个例子可能会被经常提到。服兵役使一个35岁的人体格健壮,但他父亲在他幼年时期就去世了,他的母亲悲痛欲绝,恳求国会和总统直接让他退役,理由是他是"她的孩子",而且自从他出生以来,她每天晚上都要和他睡觉。这位35岁的"婴儿"在家时,母亲总是把自己打扮得漂漂亮亮的,总是精神抖擞、兴致勃勃。他入伍以后,她变得邋遢而沮丧。当她有了一定的财富和影响,终于使她的儿子退役了,于是他们母子之间"幸福"的关系又恢复了。毫无疑问,如果再过六个月没有儿子的生活,母亲就得去诊所了。这两个人都有病态人格,其破坏性不亚于肺结核或癌症,但寻找任何有机干扰都是徒劳的。他们之所以处于这种状态,是因为他们在正常时期从未进行过任何调整。人格障碍是由于长期持续行为的并发症，而不是由于有机干扰，这一证据来自这样一个事实：在许多情况下，在新的和合适的环境下，旧的反应可以被打破，新的反应可以被保留。从反应的角度来看，个人被改造了，在社会中占据了正常的位置。这种再训练（"治疗"）尽管比较困难，但与教婴儿伸手拿糖果和把手从蜡烛火焰中缩回一样，既神秘又奇妙。

总结陈述。——因此，我们的个性是我们开始做什么和经历过什么的结果，它是作为一个整体的"反应机制"。如果我们是正常人的话，这个机体的最大组成部分有：清楚明确的习惯系统、屈服于社会控制的本能、在现实学校中受到严厉打击而做出的各种改变，以及变化中的情感。